U0464483

低压分布式光伏
调控技术及应用

国网河南省电力公司营销服务中心　编

中国电力出版社
CHINA ELECTRIC POWER PRESS

图书在版编目（CIP）数据

低压分布式光伏调控技术及应用 / 国网河南省电力
公司营销服务中心编. -- 北京：中国电力出版社,
2025. 4. -- ISBN 978-7-5198-9534-1

Ⅰ. TM615

中国国家版本馆 CIP 数据核字第 2025NU7898 号

出版发行：中国电力出版社
地　　址：北京市东城区北京站西街 19 号（邮政编码 100005）
网　　址：http://www.cepp.sgcc.com.cn
责任编辑：薛　红（010-63412346）
责任校对：黄　蓓　马　宁
装帧设计：王红柳
责任印制：石　雷

印　　刷：廊坊市文峰档案印务有限公司
版　　次：2025 年 4 月第一版
印　　次：2025 年 4 月北京第一次印刷
开　　本：710 毫米×1000 毫米　16 开本
印　　张：13.5
字　　数：225 千字
定　　价：68.00 元

编写人员名单

主　　编　杨　雷　夏　蕾

副 主 编　王　雍　王献军　张世林　罗辉勇

编写人员　丁　涛　田闽哲　史三省　郭思维　李　冉

　　　　　石　菡　李明明　李梦溪　郭　营　付国栋

　　　　　宋姗姗　杨　蕾　张　龙　李　雍　刘启明

　　　　　廖　涛　李冰洋　周　默　郭露方　王国卉

　　　　　朱昱颖　田　宇　马茗婕　周慧娟

· 前 言 ·

　　传统配电网，尤其是低压台区大多呈辐射形结构，并开环运行，在建设初期并没有被设计为可消纳各种分布式电源的结构，调节能力弱，不会在电网稳定运行的情况下进行任何自动控制的操作。后期的自动化改造也非主动触发，只能被动应对在网络运行过程中出现的各种状况。在此情形下，大量以光伏为代表的分布式新能源接入低压台区后，易引起电压越限、谐波增大、三相不平衡和潮流反向过载等危及系统安全稳定的问题。

　　为了提升低压台区对分布式新能源的接入能力，构建高渗透台区分布式能源规模接入体系，本书在立足于国网河南省电力公司科技项目的基础上重点围绕低压台区电能质量分析、分布式光伏出力精准预测和低压台区单点就地化精准控制等内容进行研究。结合实际数据，统计分析了含高比例分布式低压台区的运行特征；针对台区中的传统电能质量问题，提出了一种基于自适应短时傅里叶变换的基波参数估计算法，并以此算法为基础计算电压偏差、频率偏差、三相不平衡度和功率因数等基本电能质量参数；针对高比例分布式光伏低压台区谐波、间谐波以及闪变等电能质量问题，根据谐波和间谐波各自的频谱特征，提出了一种新的谐波、间谐波实时检测算法；针对光伏出力数据的非平稳性、非线性和局部随机性特征，提出了一种基于变模态分解——极限学习机（VMD-ELM）的光伏出力预测模型，能更加有效地提取光伏出力短期预测中的非线性特征。为提高光伏消纳率并保证其他负荷节点的电压满足要求，提出了一种电压保护阈值差异化整定方案，能在保证负荷节点电压质量的同时，有效提高台区光伏消纳能力；面对分布式光伏发电系统来自不同的生产厂家和品牌，在通信协议和控制接口开放程度等方面有所差别，以及分布式光伏发电系统的运行状态等参数难以直接获得，只能通过监测其输出的电压和电流等少量有限信息间接估算等难题，提出了一种有限信息条件下的低压台区电压调节策略，对海量分布式光伏发电系统进行协调控制，在优先保证有功出力的前提下，利用剩余容量，有序实施电压调节；考虑光伏调压可能面临弃光问题和分布式储能成本的降低，又提出了一种分布式储能参与电压就地调节的策略，该策略控制储能输出对应的功率实现调压的目的。接着，作者设计了分布式光伏运行状态综合评价模型，最后，将低压分布式光伏现场进行了示范应用。

　　作者在撰写本书的过程中，得到了许多专家学者的帮助和指导，谨在此表示诚挚的谢意。本书遴选了国网河南省电力公司科技项目的研究成果，组成了本书的主要内容。由于本书中的一些方法是项目研究中的一些成果，难免不尽完美，欢迎广大读者批评指正。由于作者水平有限，书中涉及的内容难免有疏漏之处，希望各位读者提出宝贵意见，以便我们进一步修改，使之更加完善。

编者

2024 年 10 月

·目 录·

第 1 章

概　　述

2020 年以来，我国先后明确"力争 2030 年前二氧化碳排放达到峰值，努力争取 2060 年前实现碳中和""2030 年非化石能源占一次能源消费比重将达到 25%左右""2030 年风电、太阳能发电总装机容量将达到 12 亿 kW 以上"等能源转型目标。发展新能源已是必然的趋势和选择。在电力行业，分布式能源的接入已成为新型电力系统发展的重要方向，分布式能源接入可以在一定程度上缓解局部地区的用电紧张情况，同时还可以有效解决电力升压等问题，不仅实现了资源的优化配置，做到了绿色发电、环保发电，还实现了经济效益的最大化，是新时代智能化电网的重要组成部分，是信息时代发展的主流趋势。

随着分布式能源的规模化接入，风电、光伏发电出力的随机性、波动性明显，不断增长的新能源发电规模对其多源性的接入能力、大范围优化配置和电力系统灵活性水平提出了更高要求。分散式能源大规模并网面临多源设备协议不统一、负荷侧波动加剧，被其挤占后的集中式能源调节能力下降，因此分散式能源的市场化调控成为未来电网稳定运行的第一级手段。如何实现多源设备自适应通信，降低分散式能源和可控负荷的监控成本，提高分布式能源可调可控质量，成为分布式能源大规模建设必须要解决的问题，否则当分布式能源比重上升到一定水平后，电网稳定运行将面临巨大风险，再进行技术改进的成本和周期都将代价巨大。

在能源设备接入方面，现有光伏设备品种多样、规格不一，多源新设备接入情况下，多设备协同控制难度较大，一定程度上影响通信质量，制约群调群控能力。

在预测不确定性方面，光伏发电的出力受到天气条件的影响，存在较大的波动性和不确定性。间歇性强的大规模光伏接入将增加对电力系统光伏出力准确预测的难度，无法对光伏出力与负荷间的缺口进行合理预测，光伏和负荷双重不确定性无疑会给台区内光伏消纳造成严重阻碍。

在电网运行安全性方面：一是对电压波动的影响。当负荷需求与分布式电源的电能输出量同步变化时，将会有效抑制电压波动的发生。二是引起电压闪变。因为分布式能源的启动、运行与停止会受到天气状况、用户需求等多方面因素的影响而改变电流方向、电流大小，从而引起电压闪变。三是对电压分布的影响。分布式能源接入电网后，还将影响电压的分布状况，特别是那些靠近线路末端位置的电压，所受到的影响最为强烈。四是分布式光伏台区反孤岛装置或逆变器防孤岛功能故障造成光伏用户孤岛运行时，可能使线路继续带电，危及运维人员人身安全和地区负荷供电可靠性。五是单相无序接入光伏一定程度上加剧低压台区三相不平衡，使得三相四线制的中性点发生偏移，影响设备正常使用并缩短寿命。

因此，新形势下分布式光伏并网运行引起的问题日益凸显，缺乏主动感知设备与控制相关装置，电网面临不可知、不能控、不敢控的局面，不断催生分布式能源设备自适应接入及自适应协议扩展、并网电能质量监测、分布式能源设备优化控制等新需求。亟需开展面向分布式新能源接入的自适应柔性控制终端研究（简称自适应终端），提升分布式新能源设备接入能力和电网安全经济运行水平。

1.1　研究目的和意义

（1）提升分布式新能源接入能力，构建高渗透台区分布式能源规模接入体系。针对分布式新能源设备多源接入，提出分布式光伏、储能等新能源接入场景下的数据交互需求，建立分布式能源设备通信协议适配策略和多接口仲裁策略，形成基于自适应终端设备的分布式能源设备通信协议扩展方案，设计基于自适应终端的分布式能源接入方案、通信方案、参数配置方案，实现高渗透率台区分布式能源规模化接入。

（2）提出台区分布式能源协调互动策略，为电网优化控制运行提供支撑。

基于低压台区拓扑结构和智能量测设备运行监测数据，提出分布式能源协调互动控制策略，突破分布式能源调控瓶颈，解决传统控制策略盲目控制光伏用户发电输出无法满足台区精准控制的难题，设计面向提升新能源消纳、改善电能质量越限和避免潮流反向等多目标的柔性调控策略，实现台区自治平衡，有效改善分布式能源发电的供电质量，提升本地消纳能力，保障主电网免受分布式能源发电的侵害。

（3）推动技术进步，辅助壮大新能源领域量测产业体系。通过开展面向分布式新能源接入的通信协议可拓展自适应终端研发，推动关键材料、单元、模块、系统中短板技术攻关，加快实现核心技术自主化。通过产学研用融合，深化多学科人才交叉培养，优化创新资源分配，推动商业模式创新。依托自主知识产权开展成果转化，辅助建设完善新能源领域量测产业链，填补我国在低压台区源网荷储高频量测与可靠控制领域的空白。

（4）为海量分布式光伏并网运行提供安全监测手段，为低压分布式光伏自调节提供辅助决策。通过研究基于光伏并网点量测数据的异常研判技术和精准画像技术，对低压分布式光伏运行情况开展实时监测和异常诊断，为海量分布式光伏并网运行提供安全监测手段，提高低压分布式光伏运行监测感知能力；建立健全低压分布式光伏安全运行状态监测与评价体系，及时发现低压分布式光伏运行隐患，为低压分布式光伏用户级和台区级自调控提供辅助决策。

（5）提升用户级并网自治能力，保障末端电网安全运行。通过研究基于低压分布式光伏并网点异常特征的用户自调技术，提高用户级低压分布式光伏就地化决策和控制能力，实现基于光伏并网异常特征的精准调控，解决针对电网末端电压波动、谐波越限等调控效果不明显问题，完善低压分布式光伏调控手段，保障用户级发用电安全和供电质量。

（6）优化分布式光伏消纳能力和提高可再生能源利用率。通过研究光伏出力预测与负荷出力预测，结合双重不确定性提出光伏出力预测模型和台区负荷缺口预测模型，实现精准预测台区负荷与光伏出力之间的缺口，进而合理调配能源资源和计划电力供应；通过挖掘负荷可调节能力与光伏自调节技术的研究，实现台区内光伏消纳与利用率的提高。

1.2 国内外研究现状

传统配电网大多呈辐射形结构，并开环运行，在建设初期并没有被设计为可消纳各种分布式电源的结构，调节能力弱，不会在电网稳定运行的情况下进行任何自动控制的操作。后期的自动化改造也非主动触发，只能被动地应对在网络运行过程中出现的各种状况。如此一来，大量以光伏为代表的分布式新能源的接入便使得传统配电网开始面临诸多风险：①传统配电网中的潮流属于单向流动，但在分布式光伏接入后，分布式光伏出力过剩将导致功率反向传输，使得潮流双向流动，节点电压升高，出现电压越限风险，同时也会使得配电网的网损急剧攀升；②分布式光伏发电受天气条件影响显著，具有很高的随机性、间歇性和波动性等不确定性特征，高比例分布式新光伏接入低压配电网后会造成电压越限和波动、三相不平衡、配电网谐波含量增加以及配电网保护误动作等不良后果，而且大部分分布式光伏隶属于私人，接入与退出电网的时间及出力情况均不可控。

配电网中高比例分布式光伏的消纳必须建立在系统安全、稳定和经济运行的基础上。本节分别从中低压配电网不确定因素建模方法、台区多时间尺度优化调度策略、台区动态协调控制策略三个方面，对国内外研究现状进行综述。

1.2.1 相关技术进展

1. 分布式光伏并网技术

能源是人类日常生活及社会发展中不可或缺的物质，可再生能源的开发利用是目前应对能源危机的重要手段，也是改善当前环境问题的金钥匙。近年来，为促进可再生能源的发展国家出台了一系列政策，依据政策指示，我国积极推动能源革命、持续优化能源结构、增加清洁能源的消费比重。据国家发展改革委发布的数据，2023年我国非化石能源在一次能源消费的比重和煤炭消费量在国内能源消费总量的比重分别为26.4%和55.3%，均已经完成了"十三五"规划的目标。此外，电力规划设计总院表示，在"十四五"规划期间，我国新能源装机规模将进一步扩大，预计超过8亿kW,而非化石能源消费占比将超过18%。而在各种非化石能源中，风电和光伏发电相比于水电、核电、生物质发电等清洁能源的发展空间是巨大的。

在可再生能源利用的方面，可再生能源发电作为其主要的利用形式具有至关重要的作用。在可再生能源发电的两种形式中，由于分布式发电相比于集中式发电，具有就地消纳、自发自用、输配电损耗低等优点而被广泛应用。在两种的分布式电源发电形式中，可再生分布式电源相比利用化石能源发电，其利用风能、太阳能等可再生能源进行发电，具有清洁和可再生的特点，不仅可以减少人类对传统化石能源的使用，还可以减少降低有害气体的排放，因此对可再生分布式电源的开发利用可作为应对能源危机的有效手段，并且顺应全球清洁能源发展的趋势。同时可再生分布式电源接入配电网具有诸多优点，如改善电能质量、增强电网稳定性、降低配电网网络损耗、提升运行经济性等，并且通过对可再生分布式电源出力的控制和将其与其他优化装置进行组合配置可以丰富对配电网运行优化的手段。除此之外，当配电网发生故障时，可再生分布式电源可作为备用电源向重要的负荷进行供电，能有效降低故障带来的损失，在一定程度上提升系统的供电可靠性。

然而，随着可再生分布式电源的迅速发展，其在配电网中的渗透率也越来越高，它给传统电力系统带来了诸多挑战：

（1）可再生分布式电源的大量接入会使配电网的供电结构发生变化，使传统单向供电模式转换成双向多电源供电模式，增加了配网调度的复杂性，并且伴随着潮流反向的风险，会影响电网的安全运行。

（2）以风力、太阳能发电为代表的可再生分布式电源，其受环境因素的影响较大，其出力常伴随着不确定性，这些特性不仅会给传统配电网的调度运行带来困难，而且也可能对电网设备造成不同程度的损害，更甚至对系统造成危害导致发生电力事故。

（3）由于地理位置的限制，我国的可再生能源分布是不均匀的，在可再生能源开发利用方面表现着明显供需不对称的现象，并且电网对分布式可再生能源的消纳能力也不足，所以导致新能源的利用效率不高，弃光、弃风现象十分严重。据国家能源局发布的清洁能源并网报告显示，2022 年一季度全国弃光电量 24 亿 kWh，弃风电量 60 亿 kWh。虽然全国弃风、弃光总量较前年有了明显降低，但电网对分布式可再生能源的消纳仍有很大提升空间。

（4）随着分布式发电在配电网中的渗透率不断提高，这可能影响系统静态电压稳定性和元件热稳定安全性。若出现分布式发电脱网运行的情况，可能对电网带来安全风险。

分布式发电给配电网带来了机遇同时也伴随着挑战，而传统配电网难以解决对分布式发电消纳不足的问题并且安全运行也会受到威胁，随着分布式发电的发展与在配电网中的渗透率的提高，需要灵活地对配电网进行主动管理提高配电网对分布式发电的消纳能力，并减小分布式发电出力随机波动性对配电网的不利影响。

2. 分布式光伏出力预测技术

准确的光伏出力预测是实现分布式光伏发电就地消纳和提升配电网接纳光伏能力的关键，也能够为光伏电源的优化规划设计、配电网的优化调度和管理提供支持。然而，光伏出力受气候环境、安装条件等多种不确定性因素的影响，而且大规模分布式光伏由于多点无序接入配电网而形成一个有机整体，其出力彼此之间也相互耦合影响，给光伏出力的准确预测带来难度。目前光伏预测的方法一般分为基于统计学的传统预测算法和基于深度学习的预测算法两大类。

（1）基于统计学的传统预测算法。数据统计预测方法也称之为直接预测法，一般步骤是首先获取光伏出力的历史数据，并从中发现一定的规律；然后确定光伏出力预测的理论；最后建立光伏出力预测数学模型。直接预测法主要包括灰色理论预测法、多元线性回归预测法、时间序列预测法等。灰色预测法预测时间范围为短、中期出力，适用于呈指数型趋势的时间序列，其工作特点是需要收集对象的历史数据，耗时大；多元线性回归预测法预测时间范围也为短、中期出力预测，适用情况为光伏出力与辐射强度和温度等因素呈现线性关系，需要收集所有相关因素的历史数据，耗时大；时间序列预测法的预测时间范围是短期出力，适用于任何序列的发展形态，计算过程比较繁琐。

（2）人工智能预测算法。光伏出力数据统计的预测方法需要大量的历史观测数据但是太阳辐射数据涉及范围广而较难准确获取，造成准确的光伏出力预测有难度。随着人工智能算法的不断发展，人工智能预测方法近年来在光伏出力预测中应用广泛，主要包括人工神经网络、模糊神经网络、径向神经网络、递归神经网络、多层感知器神经网络、支持向量机预测、自适应小波分解预测等方法。人工智能预测方法的计算复杂度相对较高，但是预测精度要高于数据统计预测方法。另外，针对大规模的分布式光伏出力的随机性和相关性，为了提高预测的准确性，部分学者将多种人工智能结合在一起构成了复合人工智能预测方法。这样的处理一定程度上解决了光伏预测的精度，但是也增加了模型的复杂性和求解难度，从而如何进行模型的简化并提升预测精度成为分布式光伏出力预测中需要深入研究的问题。

3. 可调控潜力挖掘及聚合技术

可调控潜力按柔性负荷响应电网需求的方式可以分为价格型响应和激励型响应两种模式。前者通过制定最优电价间接地引导用户用电行为，其响应效果取决于用户的意愿，具有不确定性和调度潜力有限等局限性。后者属于直接性的柔性负荷调度方法，常见于负荷聚合商或配电中心和终端用户签订用电协议，获取调度权利。

（1）可调控潜力挖掘。价格型需求响应是通过不同时段供电成本制定的差别电价策略，使得用户根据电价变化调整用电行为，缩小用电负荷高峰和低谷之间的差距，以及减少电力系统的波动性。而激励型需求响应通常是针对柔性可调负荷，一种是直接为用户提供补贴，另一种是在现有电价基础上给予一定的购电折扣，来由负荷聚合商利用该部分可调控潜力，实现柔性可调负荷的聚合。

（2）可调控潜力聚合。负荷聚合商与社区内愿意参与需求响应的用户签订合同，签完合同后负荷聚合商将会获得用户柔性负荷的直接控制权，负荷聚合商与电力用户通过智能电能表、信息通信设施实现柔性负荷信息的实时共享。最重要的一点是，负荷聚合商会根据每种柔性负荷的可调控潜力安排柔性负荷的运行，来满足用户的用电舒适度。

4. 不确定性优化技术

目前，针对光伏出力不确定性优化问题，一般可采用随机优化和鲁棒优化两种解决方案。两种优化方案的区别在于：随机优化需要提前知道或者假设对应的随机变量概率分布函数，而鲁棒优化不需要提前知道随机变量的概率分布函数，只需知道随机变量的取值范围即可。

（1）随机优化。随机优化将新能源输出功率当成随机变量，通过提前假设随机变量服从某一分布或者对历史功率序列进行统计分析得到随机变量的概率模型，并采用场景缩减技术对抽样生成的若干典型场景展开聚类缩减，最后从期望场景集合中得到最优调度指令。但涉及的概率模型都是提前设定服从已知的概率分布函数，实际是否服从这一分布无法得知。

（2）鲁棒优化。在电气领域，鲁棒优化策略是一种针对电力系统负荷的不确定性和变动性而设计和实施控制策略的方法。它旨在提高电力系统的鲁棒性、可靠性和效率，并应对各种不可预测的情况和挑战，其关联新能源出力预测及可调负荷控制与能量管理控制两个方面。一方面，对于新能源出力预测与控制，光伏出力等新能源发电具有一定的不可预测性，鲁棒优化策略可以利用历史数据和统计方法来建立光伏出力及负载预测模型，并将其纳入控制策略中。这样，在面对光伏出力或负载波动和变动时，可以采取相应的控制措施，确保电力系统的稳定运行。另一方面，电力系统中的电源管理和能量控制是鲁棒优化策略的重要组成部分，通过灵活配置电源，合理控制能量供应，可以动态应对电力需求的变化和电源的不确定性。这样可以降低电力系统的成本并提高能源利用效率。并且微电网和分布式能源资源的应用越来越广泛，鲁棒优化策略可以优化微电网和分布式能源资源的配置和控制，以实现可靠、高效和鲁棒的能量供应，同时还可以考虑微电网与主电网之间的协调与交互，以应对变动的条件和不确定性。

综上，随机优化由于需要预先知道随机变量的概率模型，无论是通过假设的方法还是利用实际真实样本生成近似概率模型，都存在难以准确得到随机变量的概率分布的问题。而鲁棒优化规避了这一问题，只需要知道随机变量的取值区间即可。另外，分布式鲁棒优化结果和集中式鲁棒优化结果误差很小，而分布式鲁棒优化模型相对简单，且数据传输具有隐秘性，所以分布式鲁棒优化方法在此场景下具有较好的适用性。

5. 光伏自调节运行技术

光伏自调节运行一直是电网和台区能量管理的核心问题。一方面，具有"自趋利性"的多主体属性的源储荷的接入，尤其是具有强波动性和间歇性的分布式光伏资源的大量接入，不仅给电网稳定高质运行带来巨大挑战，更间接导致电网运行成本增加。另一方面，能源互联网和信息物理社会融合系统（cyber physical social system，CPSS）理念相继提出，不仅改变了传统的电力调度方式，充分挖掘需求响应，即柔性负荷可调潜力也将是微电网优化调度的重要一环。因此，在新形势下，传统的面向分布式可再生能源的调度和优化方式难以满足新时期微电网运行优化的需求，需建立光伏自调节策略及优化方式以促进光伏消纳。

现有研究从尝试规避分布式可再生能源的不确定性带来的成本风险的角度出发。一方面是充分考虑微电网个体用户的分布性、自主性与自趋利性，建立完全分布式优化架构与模型，并且充分考虑可再生能源高渗透率所带来的不确定性；另一方面是充分考虑光伏出力的不确定性，并对区域内柔性负荷的可调控潜力进行充分合理的评估，将光伏和具备"虚拟储能"特性的柔性负荷有机融合形成广义储能，增加微电网柔性，提高经济性，实现运行最优化。

1.2.2 国内研究现状

随着分布式电源的快速发展，其在配电网中的渗透率也越来越高，为应对分布式电源接入配电网带来的挑战，传统的配电网难以满足目前电网需要，而具有主动控制、响应灵活的主动配电网是目前电力行业的研究重点。

根据国际中提出的主动配电网的概念，主动配电网是一个内部含有分布式发电并具有主动控制和运行能力的配电网，其核心在于将分布式发电的被动消纳转变成主动引导与利用，从而实现将传统被动型的配电网变为根据实际运行状态进行主动管理与控制的配电网。主动配电网的主要特征包括两个层面：①接入大量分布式发电及可调控的柔性负荷的新型配电网；②能够实现远程和自动调控分布式发电和网络拓扑结构达到高效、经济运行。根据主动配电网的主要特征可将主动管理资源分为分布式电源、网络重构、需求响应和储能系统控制四个方面。通过对这四个方面的主动管理与控制，可充分体现"主动"的含义。主动配电网的具体特征表现为：

（1）可以对分布式发电进行主动调节控制。相比传统配电网，主动配电网对分布式发电不再是以被动消纳为主，而能让分布式发电参与到电网的调度分配中，能够展现出一定的外送潜力。此外，主动配电网可通过计算机和通信等技术将分布式发电与配电网有效集成，将分布式发电参与系统的调频、调压，从而实现电网的优化运行。

（2）网络结构的灵活调控，即网络重构。传统配电网中的网络结构大多是固定的，很少通过调整网络结构来对配电网进行优化。而在电网不断发展的趋势下，灵活调控的网络结构是必不可少的。

（3）负荷参与主动调控，即需求响应。随着智能家居的不断发展与普及，配电网中的部分负荷可以根据配电网优化策略进行调节。相比于传统配电网，主动配电网具备完善的需求响应技术和机制，可以充分发挥可调负荷对负荷的平滑作用，能有效提高电网的调节能力。

（4）储能技术在配电网中的应用。储能是主动配电网中灵活的组成部分，一方面可以配合配电网需求侧响应，优化负荷曲线，利用其"低储高发"的特点降低配电网的调峰压力；另一方面配合可再生分布式电源发电系统，平滑其输出功率，降低可再生分布式电源出力波动性、随机性对配电网的影响。

配电网优化旨在提高能源利用率，提高对可再生分布式电源的消纳能力，加强与用户侧的互动能力并保持电网的运行可靠性。"源网荷储"协调优化是指将电网中的电源、网络结构、需求响应和储能系统四个部分相互配合互相补充，通过交互手段使配电网安全经济的运行，从而实现能源利用的最大化。如何充分利用配电网中的主动管理装置以提升电力系统的运行灵活性，并将多种主动管理装置进行联合优化是目前电网调度需要解决的问题。

光伏自调节策略是基于光伏发电及负荷缺口预测，利用优化算法，使光伏发电系统能够在不需要外部指令的情况下自主调整发电功率和输出电能，以实现以新能源为主体的新型电力系统的稳定运行和优化管理。

随着国内分布式光伏发电每年递增，为了提高光伏的发电效率和可靠性，目前国内不少研究机构和高校对光伏自调节策略开展了研究。这些研究包含了分布式光伏出力预测、用户用能特征、不确定性优化技术和自调节运行下优化技术等策略的研究，以实现光伏发电的自动控制和优化管理。而欧美国家在光伏自调节策略的研究和应用方面处于领先地位，许多欧洲国家针对高比例可再生能源接入的挑战，进行了大量的研究工作，尤其是在光伏—负荷缺口预测和光伏自调节策略，通过结合光伏发电、储能系统和智能控制技术，实现对光伏系统的灵活调节和能源管理。

随着机器学习、深度学习算法的提升，未来将有更高级的控制算法应用于光伏自调节策略，实现模型更为精准的预测与控制，这将进一步提高光伏系统的调度性能和适应性。另外，随着多能源协同调度技术与能源互联网的发展，光伏自调节策略将与其他可再生能源和灵活负荷进行协同调度，以实现更高效、可靠和可持续的能源系统运行。未来国内外在光伏自调节策略上的研究水平将更加紧密合作和交流，并在全球能源转型的背景下，各国可以共享经验和技术，共同推进光伏自调节策略的发展和应用。总体而言，光伏自调节策略在国内外都是一个热门的研究领域，随着技术的不断进步和应用场景的扩大，光伏自调节策略将在实现高比例光伏发电接入的同时，促进光伏消纳，提高能源系统的效率和稳定性。

由于分布式光伏输出功率和用户侧负荷需求尚无法精确预测，因此对不确定性问题的研究就显得尤为关键。传统的不确定性处理方法主要有储能消纳、需求响应、旋转备用几种，但这些方法处理不确定性扰动的效果有限且不具有普遍适用性。

现有关于源荷不确定性的随机模型与算法的研究已取得一定进展，国内主要研究团队为华北电力大学赵冬梅教授团队、上海交通大学艾芊教授团队、浙江大学杨莉副教授团队以及合肥工业大学唐昊教授团队等，其关于不确定因素建模主要包括场景法建模、机会约束规划建模、模糊建模和鲁棒优化建模。华北电力大学孟杰为了模拟风、光输出功率的波动性，利用拉丁超立方采样和场景缩减得到一系列典型场景集，并定义了备用风险指标以衡量波动场景下系统备用的紧张程度，实现对系统风险的控制。场景法只是综合各个场景发生的概率得到一个最优的经济调度结果，并不能保障系统可靠性，所以系统在运行过程中仍然存在一定的风险，为了减少风险运行情况的发生，机会约束规划方法被用来处理不确定性问题，机会约束规划法使用随机变量来描述规划情景的不确定性因素。上海交通大学艾芊教授团队建立了一个楼宇系统调度模型，并采用机会约束规划对不确定性因素进行处理，结果表明该策略能够在保证系统可靠性的前提下减小调度成本；合肥工业大学唐昊教授团队研究了跨区域互联微电网的源网荷优化调度问题，在研究中考虑了源荷双侧的不确定性，建立基于随机机会约束规划（chance constrained programming，CCP）的优化调度模型并采用粒子群算法进行求解。然而，机会约束规划模型一般会有置信水平约束，如果置信水平要求较高，调度结果就偏于保守，而且会降低经济效益。湖北经研院罗纯坚工程师采用模糊优化方法对不确定性因素进行处理，建立模糊优化调度模型，并证明了该模型和策略的有效性。华北电力大学赵冬梅教授利用模糊理论对用户响应和风电出力的不确定性进行建模，建立了模糊随机机会约束目标规划模型并对模型进行求解。尽管模糊优化在一定程度上可以减少不确定性的影响，但是不确定性因素的模糊集合很难获取，使得模糊建模存在不足。于是，鲁棒优化方法开始受到研究者的青睐，其优点是建模时可以不必知道随机变量的准确概率密度函数，因此在配电网优化调度中得到了非常广泛的应用。浙江大学杨莉副教授团队采用鲁棒优化方法对风、光不确定性进行处理，建立了鲁棒优化调度模型，仿真结果证明该模型既可以降低调度成本，又能保证系统的可靠性。然而，鲁棒优化极有可能存在过度保守的问题。因此，如何在鲁棒优化中既保证运行可靠性又能降低运行保守性是一个值得思考的问题，还需进一步深入研究。

　　针对配电网日前日内多时间尺度的优化调度，国内合肥工业大学丁明教授团队、浙江大学郭创新教授团队、上海交通大学艾芊教授团队以及东北电力大学的姜涛教授团队等均开展了大量研究。在配电网实际运行中，风光出力、负荷功率往往都会产生波动，因此在日前调度时研究计及源荷不确定性下的配电网优化调度，使调度计划更加适应实际运行状态，对实际应用而言具有十分重要的意义。现阶段日前采用不确定性优化的调度主要包括随机优化与鲁棒优化两种方法。合肥工业大学的丁明教授团队应用蒙特卡洛对可再生分布式电出力与负荷需求的误差抽样，进行微电网动态系统随机优化。武汉大学唐飞副教授团队针对微电网的经济稳定提出了一种考虑随机性的协调优化策略，通过场景生成与削减对可再生能源进行建模和求解。使用随机优化场景法处理日前优化调度时，存在对概率分布模型精度要求高，计算量大等缺陷，不能确保配电网的稳定与经济。鲁棒优化是一类事前分析方法，可通过求解在不确定参数情况下的最优控制，在配电网优化调度中逐渐被大量应用。浙江大学郭创新教授团队以风险指标对调度计划进行评估，综合调节鲁棒优化中的经济性与鲁棒性，优化其综合成本。西安交通大学的高峰教授团队构建了基于鲁棒的双层经济优化调度模型，并利用 Benders 分解算法对其进行求解，舍弃一定的系统经济性确保电网系统稳定运行。但是日前优化调度属于一种开环控制，不具备反馈校正环节，这导致系统的稳定性差，控制精度较低。要想在实际运行时达到预期的控制效果，还需在日内再对配电网进行优化调度，实现闭环控制，提高控制精度。模型预测控制（model predictive control，MPC）可通过短时预测值与反馈校正实时修正调度计划。在目前研究中，大多在日前优化调度的基础上，日内采用 MPC 应对配电网的不确定性，实时修正调度计划以保证稳定和达到预期的控制效果。日内采用 MPC 优化调度时多选取功率平衡度、元件特性、经济性、跟踪性等作为优化目标。天津大学穆云飞副教授团队在楼宇微电网日内滚动优化调度模型中采用 MPC 对虚拟储能系统的充放电进行滚动优化，有效平抑了由日前预测误差导致的联络线功率波动。上海交通大学艾芊教授团队为了校正可再生能源和负荷的预测偏差，基于 MPC 建立了以联络线功率偏差和储能荷电状态偏差最小为目标的日内滚动优化调度模型。上述日前日内优化调度均属于集中式优化调度，随着大量分布式发电单元的并入以及用户侧智能负荷的不断增长，更具可靠性的分布式经济调度方法被提出。目前，常用的分布式优化方法主要有一致性算法、交替方向乘子法（alternating direction method of mutipliers，ADMM）和梯度下降法（gradient descent，GD）等。香港科技大学的 Liu T 考虑到用户隐私性和可扩展性，基于 ADMM 算法实现配电网总能源成本的最小化，并采用最优潮流松解法来处理实际运行中非凸潮流约束问题。华北电力大学的夏世威基于 ADMM 对多区互联电力系统经济调度与动态经济调度问题进行了分布式求解。东北电力大学的姜涛教授团队采用 ADMM 算法构建分布式优化调度模型并提出多区域协同优化的迭代计算框架，保证各区域独立运行的灵活性和信息私密性的基础上，最终实现电网经济调度和风电消纳的全局最优。

随着户用光伏的大规模的户接入，低压配电网容易出现过电压、线路过载等问题，需要调节系统内有功、无功等可调控资源对电压进行控制。国内中国农业大学唐巍教授团队、上海电力学院符杨教授团队、东北电力大学李军徽教授团队等均开展了大量研究。目前解决电压越限问题的方法主要包括有功电压控制、无功电压控制、协调电压控制以及一些其他传统的调压控制方法。解决电压越限问题的手段之一是电压的无功控制，主要包括光伏逆变器的无功调节、静止同步补偿器的无功调节以及并联电容器无功调节等。中国农业大学唐巍教授团队针对户用光伏并网后的电压越限问题提出一种基于 Mamdani 模糊推理的无功电压控制策略。中国农业大学唐巍教授团队为了充分利用逆变器的无功电压控制潜力，将光伏发电系统并网划分为过电压抑制、欠电压抑制以及网损和功率因数的优化三种场景。上海电力学院符杨教授团队提出了一种多电压等级不平衡下的主动配电网电压无功协调优化控制策略。解决电压越限问题的手段之二是电压的有功控制，主要包括光伏本身的有功削减以及储能的有功调节等。山东大学陈健基于调整储能系统充放电的有功功率，提出一种综合电压运行控制策略。东北电力大学李军徽教授团队对于高比例光伏系统并网引起的电压越限问题，提出基于集群划分的储能调压控制策略。上述文献阐述了电压的无功控制及有功控制，但由于单一的电压控制效果有限，多数情况下不足以满足高比例分布式光伏并网的要求，故而国内学者对电压有功－无功协调控制策略开展研究。中国农业大学唐巍教授团队为尽可能最大限度地降低光伏并网有功功率的削减，设计无功裕度评估方法并提出基于此的有功、无功就地综合电压控制策略。合肥工业大学肖传亮利用算法实现区域的最优划分，在光伏逆变器的功率解耦控制基础上，无功功率作为调节电压的第一选择，第二选择为利用有功功率的削减来控制电压。太原理工大学杜欣慧教授团队考虑电压灵敏度，为并网逆变器分配无功补偿量进行调压，并以光伏有功缩减为辅助调压手段。

目前分布式电源大规模接入电网，由于电动汽车、分布式电源地理位置较为分散，出力的随机性强，对电网系统产生的波动性较大，同时其出力本身具有较弱的可预测性与可控性，若任由其无序接入，将会对电网的安全可靠运行造成较大影响，如电能质量下降、网损上升、供电可靠性降低等问题。刘敦楠等学者提出传统运营模式和一体化运营模式下微电网经济性分析方法，通过算例分析验证一体化运营模式能够增加微电网收益来源。随着用电负荷稳步增长，电网的峰谷差被进一步拉大，电网削峰填谷任务变得尤为艰巨，在度夏、度冬负荷高峰时段，电网地区设备过载现象难以缓解，清洁能源发电由于出力的随机性，在负荷低谷时段难以完全消纳，在负荷高峰时段可能出现出力不足的情况。如何合理管理分布式能源发电，高效利用电网的分布式资源为用户提供更好的用能服务，改善传统电网"源随荷动、只调整集中式发电"的传统调度模式，降低电网的投资成本和提高迎峰稳定性，成为如今电网亟待解决的问题。

目前，电力企业在源网荷储友好互动中做了大量工作，建立了不少示范工程，取得了不错的成绩。

（1）江苏大规模源网荷储友好互动系统示范工程。江苏电网各类电源控制系统建设，综合能源服务公司、负荷集成商和售电公司有望成为引导用户参与电网互动的载体。江苏在建多座大容量储能电站，现有实践和技术支撑条件下，具备大电网源网荷储协同控制技术研究及应用良好基础。江苏电网源网荷储示范工程分为 3 期，主要针对省级电网源网荷储协同互动。

江苏大规模源网荷储友好互动系统示范工程接入目前有两座分别为 24MW/48MWh 与 5MW/10MWh 储能电站，2301 个大用户接入，2000 台公共楼宇空调，电站方面接入了 1312 座变电站，24 座 220kV 燃煤电厂，8 座南水北调翻水站等，系统规模接入涵盖了各方面资源。

江苏电网的源网荷储系统是规模最大、功能最为完善的源网荷储系统。累计接入可中断负荷控制终端 2214 个，可满足 352 万 kW 工商业客户负荷需求响应。调度系统设在省调控中心，建立了小时、分钟、秒、毫秒级多种响应方案。实行多种电价策略，制定响应补贴政策。

江苏电网源网荷储互动控制系统主要由设备层、聚合层及主站层构成。每层各司其职，发挥着不同的作用。设备层收集各类资源数据，并接受聚合层负荷容量控制的指令进行动作。聚合层主要根据负荷的不同特性，对负荷进行聚合分类，依据现有管理负荷的情况选择性进行负荷控制。省地级控制主站管理和控制地市级控制主站负荷资源，国网公司级、区域级调度解决地区电网和配电网存在的线路越限、台区过载和配电网电压等问题，起到协调控制的作用。

在建立了源网荷储协同控制系统后，工程效益达到如下 3 点：①实现 260MW 负荷毫秒级响应和 30MW 空调负荷柔性控制；满足 352MW 工商业客户需求响应。②负荷管理系统全省 50kVA 以上变压器全覆盖，80%以上负荷实现远程控制。③可以节省标准煤 174.5 万 t/年，减少二氧化碳排放量 430.7 万 t/年和二氧化硫排放量 13 万 t/年。

（2）冀北公司源网荷储主动智能配电网示范工程。冀北公司首个源网荷储主动智能配电网工程位于秦皇岛开发区 10kV 宁海大道开闭所。在开闭所内建设"源—网—荷—储"一次设备框架，开发相应的协调控制系统，建立调度模型，并应用高速通信技术，实现分布式智能终端的信息交互、终端与协调控制系统的交互，提高主动配电网供电可靠性。

接入数据规模为开闭所 10、0.4kV 两个电压等级用户，发电系统 22.88kW，站内配置 1 套储能 3kW/6kWh，设 7kW 充电桩 6 座，均由 0.4kV 低压侧交流母线接入，形成源网荷储配电系统。

源网荷储工程控制系统利用多源信息融合技术与分层分级形式，主要有设备层、分布控制层和集中决策层。通过本地控制，建立集中决策层控制系统，形成主站优化—区域内协调决策的自上而下的控制技术，通过有计划地调节供电区域内的分布式电源、多样性负荷和储能等资源，保障电网安全可靠运行。

秦皇岛开发区 10kV 宁海大道开闭所在建成后工程效益主要有如下 3 个方面。①实现了本地可控资源的优化调控及上级电网的互动协调。②形成主站优化—区域内协调决策的自上而下的控制技术，通过有计划地调节供电区域内的分布式电源、多样性负荷和储能等，保障电网安全可靠运行。③挖掘电动汽车等多元化负荷参与电网调峰的能力。

（3）中新天津生态城智慧能源小镇创新示范工程。天津公司以"试点先行—积累经验—稳步推进"为总体建设思路，以中新天津生态城（惠风溪）智慧能源小镇创新示范工程作为源网荷储多元协调调度控制的落地试点。

中新天津生态城接入数据规模有光伏发电 6.5MW、风电 4.5MW，构建了 10kV 双环网网架，实现配电网自愈；形成 3 座充电站和 50 个充电桩的电动汽车充电网络；建成 2 个智能家居样板间等。

基于滨海地调智能电网调度技术支持系统，扩展相关软硬件功能，建设天津滨海面向两网融合的能源管控一体化平台。

该工程在建成后实现工程效益达到以下 3 方面：①新型智能电能表和家庭能量路由器，通过 App 软件一键操作，实时监控并调节家中用电情况。②电动汽车与电网互动系统能够引导电动汽车有序高效充放电。③清洁能源消费达到 90%，供电可靠性大于 99.999%，户均节能 15% 以上。

总结以上示范工程以及商业模式，得出未来发展关键问题如下：

（1）在源网荷储协同控制系统中，电动汽车等具备源荷双重特征的新型负荷运行特性未认识明确，电动汽车作为未来电力系统重要的需求侧调节资源，其作为移动式灵活储能的调节潜力未得到充分挖掘；同时在辅助服务中，目前主要侧重电网调峰，对电网调频应用较少。

（2）在对新能源发电消纳时，主要是对光伏、风力发电为主进行研究，并未考虑水电的消纳与水电的功率预测对协调控制系统的影响；并且也没有明确的研究方法对分布式新能源发电系统进行分区控制研究，对分布式新能源发电系统进行分区控制能提高新能源的利用率，实现新能源 100% 消纳。

（3）在对短期、超短期负荷（如工、商、居民负荷、大用户、电动汽车、智能空调等）的预测研究精度不够，负荷特性分析不够精细化，并且现在没有精准的短期负荷预测方法能够应用于实际，无法为精准控制策略等高级功能提供数据支持，以及对负荷进行细分，将负荷预测规模下沉至负荷曲线层面。在未来负荷预测中考虑降雨时间与负荷的联系，重点考虑剧烈天气变化对负荷预测精度的影响。

（4）商业模式、市场化交易机制不明确，供电合同保障机制不完善，政府主导作用未得到发挥。研究商业模式的具体收益来源明确、量化，将经济指标量化。对电动汽车参与电网互动时，电动汽车向电网供电的电量结算模式分析研究。

1.2.3 国外研究现状

相对于国内，国外针对高比例光伏消纳问题的研究起步更早。对于源荷不确定性建模，国外学者同样进行了大量研究。伊朗伊斯法罕大学的 Bornapour M 考虑了电力市场价格、风电和太阳辐射的不确定性，将随机规划作为一种常用的不确定变量建模方法，应用于微电网热电联产机组的协调调度。美国华盛顿大学的 Dvorkin Y 考虑多场景与区间优化，建立了混合随机优化的电力系统动态调度模型。随机机会约束法则不要求含不确定变量的源荷平衡约束一定成立，而是要求约束在一定置信水平下成立，该方法需要不确定变量的概率分布信息。伊朗设拉子大学的 Khorsand H 考虑电力、天然气和供热网络的负荷需求不确定性，采用点估计法和蒙特卡罗模拟法研究了多能源系统的概率能量流。智利天主教大学的 Verástegui F 考虑负荷和可再生能源的不确定性，构建了鲁棒优化模型，并使用列和约束生成算法求解规划问题。英国曼彻斯特大学的 Martínez Ceseña E A 提出了一个综合能源网络的鲁棒两阶段迭代框架，考虑的不确定因素包括太阳辐射量、电负荷和热量需求。澳大利亚巴拉瑞特联邦大学的 Amjady N 提出了一种新的自适应鲁棒配电扩展规划模型，通过多面体不确定性集表征风力分布式能源资源（distributed energy resource，DER）负载和发电量的不确定性，并通过不确定性预算控制解决方案的鲁棒性。

针对配电网日前、日内多时间尺度的优化调度，国外学者也开展了大量研究。在日前优化调度中，SOYSTER A L 最早给出鲁棒优化下的数学模型及其求解方法。将不确定性描述为由一定置信水平内的参数上下限构成的封闭集合，因此参数所有取值严格满足约束。伊朗设拉子大学 Baharvandi A 考虑光伏出力的不确定性，建立了以配电网运行成本最小为目标的混合随机/鲁棒优化的日前优化调度模型。瑞士洛桑联邦理工学院的 Nick M 考虑光伏和负荷功率的不确定性，建立了基于自适应鲁棒优化的日前优化调度模型，并采用 Benders 双切算法求解优化问题。在日内优化调度中，意大利米兰理工大学的 Cominesi S R 建立了多时间尺度框架下的 MPC 滚动优化能量管理系统，通过 MPC 算法最小化微电网间计划能量交换与实际能量交换。伊朗阿塞拜疆沙希德马达尼大学的 Gazijahani F S 在日内采用 MPC 实时跟踪并滚动修正日前调度计划以满足实际运行状态。上述所提日前、日内优化调度均为集中式优化调度，随着大量分布式发电单元的并入以及用户侧智能负荷的不断增长，分布式经济调度方法成为研究热点。伊斯兰阿扎德大学的 Rokni S G M 提出了一种基于 ADMM 的分布式的能量管理系统，在考虑最优潮流的情况下降低微电网的运行成本，但是该方法需要中央控制器和局域控制器串行工作，降低了问题的求解效率。挪威奥斯陆大学的 Maharjan S 建立了 Stackelberg 博弈模型用以最大化公共事业和个体用户的收益，为保证个体用户的隐私性，使用分布式算法对模型求解。

针对配电网电压控制，国外学者开展了大量研究。美国普渡大学的 Jahangiri P 通过控制光伏逆变器吸收或提供无功功率来控制系统电压。西班牙卡塔赫纳理工大学的 García A M 根据无功功率与电压幅值关系确定光伏无功出力，实现就地无功补偿。日本冈山大学的 Shimofuji K 在节点电压未越限时使光伏发电按照最大功率点跟踪功率并网，若节点电压越限时，则按照预定的电压—有功曲线切除光伏并网有功以调节系统电压。加拿大康考迪亚大学的 Tonkoski R 以电压灵敏度分析为基础，结合低压配电网的辐射状特性，对不同节点电压控制曲线参数进行统一协调设计，协调目标是确保电压有效控制及每个节点光伏功率削减的均等性，使得削减和赔偿方案更加容易执行。爱尔兰都柏林理工学院的 Pukhrem S 提出了无功控制与有功削减协调算法，显著改进了电压的稳定性并且提高了屋顶分布式光伏的渗透率。此外，通过对可调资源的调控顺序进行排序可以实现有效的协调电压控制。加拿大滑铁卢大学的 Farag H E Z 提出了基于规则的分布式电压控制策略，指出网络电压出现越限时，首先应调节光伏逆变器无功功率，通过光伏逆变器吸收或发出无功来抑制电压越上限或下限；其次，再考虑进行光伏有功削减。类似地，澳大利亚昆士兰科技大学的 Kabir M N 对储能和光伏逆变器调节的先后次序进行了优化，当网络出现电压越限时，优先采用光伏逆变器无功进行就地电压调节，控制无效的情况下再调节储能并网有功。针对分布式光伏运行与控制，国外的研究现状如下：

（1）离网运行方面。国外方面，目前对于整合和降低可再生能源成本进行的研究主要集中于控制策略、电流和电压的调节、增加储能系统的存储容量以及对可再生能源发电参数的控制。为了实现系统的整合，一些方案将微电网建模广泛应用于分析微电网在不同情况下的动态行为。为满足负载需求和储能系统的充放电状态，可以采用合适的控制策略来提取最大的输出功率，也可以混合可再生能源构成的微电网系统的技术水平和动态分析。

有的方案应用粒子群优化（particle swarm optimization，PSO）方法来寻找离网式微电网（光伏/风能/电池/柴油）的最佳配置，并对基于氢气的混合发电系统进行了技术经济分析，该系统由生物质超临界气化器和太阳能水电解器组成，与光伏板和燃料电池相连接。也有方案介绍了一个离网式混合发电系统动态模拟，还比较了模糊逻辑控制与所提出的自适应控制器来实现风力发电机的最大功率跟踪。对于提出的一个分层的电源管理方案，其中第一层使用模糊逻辑控制来控制共同耦合点的电压和频率，还使用模糊逻辑控制来提取光伏阵列的最大功率点；第二层控制不同来源的功率流，以确保优化后的功率流向负载。后续结合风力和光伏发电的独立混合能源系统进行设计和分析， 提出了一个Cuk-SEPIC 转换器，以消除对谐波滤波器的需求，还提出使用增量电导率与积分控制来从风力发电子系统中提取最大功率并使用 P&O 算法来从光伏发电子系统中提取最大功率。

（2）并网运行方面。微电网并网中较为先进的控制技术和功能在现代电力系统中起着重要的作用。在近几年文献的研究中关于微电网并网的控制管理方法和能源效益问题的研究也是比较深入的。对于提出的基于微电网并网的可再生能源管理系统，该系统中的发电单元包括光伏板、风力涡轮机以及微型涡轮机；储能单元包括燃料电池和蓄电池，考虑了不同季节光照和风速对可再生能源发电的影响，基于场景模拟对可再生能源出力和负荷需求的不确定性进行了建模，仿真结果表明，在实际环境中使用实际的风光模型可以提高能源管理系统的准确性并降低微电网并网运行的成本。为了准确预测光伏电站的输出功率，解决大规模光伏并网发电给电网带来的调峰和调度问题，设计了基于大数据技术的单相光伏并网逆变器及控制系统，提出的光伏制造和并网算法能够实现光伏电站的最佳发电效益。对于提出的在部分阴影条件下光伏微电网并网的最优控制，控制目标是确保该系统能够快速准确地提供由控制器分配的功率，最后系统完成在最大功率点模式和中间功率点模式之间快速平稳切换。

当公共连接点（point of common coupling，PCC）上的端电压出现不平衡扰动情况下，如果不考虑光伏并网内部控制时，光伏系统将处于非正常运行中并向耦合点输入不平衡的扰动电流从而影响整个并网系统的电能质量并可能造成其他额外的损失，考虑光伏并网中的内部控制并加入在不平衡电压条件下工作的算法，常见的算法是基于锁相环（phase locked loop，PLL）的控制方法，自适应陷波滤波器（adaptive notch filter，ANF）法、谐滤波器法等。在基于锁相环的方法中，同步参考框架锁相环（SRF-PLL）是三相系统中最广泛的方法之一，但是在不平衡或扰动的条件下他不能进行充分估算。其他基于 PLL 的算法已经提出来解决这个问题，如双同步解耦坐标系锁相环（DDSRF-PLL），双二阶广义积分器（DSOGI-PLL）和三相增强的 PLL（3phEPLL）。

（3）控制策略方面。为保证电网平稳运行，电网的控制目标：①在并网运行下控制主电网有功功率和无功功率的能量流动；②"即插即用"功能，随时切换微电网并网和离网运行；③在扰动或者其他故障条件下仍能稳定运行；④由于负载短时间内突变进行负载共享。

主控制一般称为本地控制，依赖于本地数据的测量如有功功率控制、孤岛检测等，一般分为逆变器输出控制和功率共享控制。

逆变器的输出控制分为外环和内环，控制器内环用于控制电流调节，外环用于控制电压调节，PI 控制器通常应用于上述控制回路。Eklas 采用多变量控制方法改善微电网的动态响应，它使用系统的多输入多输出（multi-input multi-ouput，MIMO）模型。

功率共享控制是通过主控制器来进行控制的，在并网系统中下垂法通常用平衡同步发电机之间的共享功率。虽然下垂控制不需要任何通信设备，但是由于谐波电流非线性系统不适用且瞬态过程的性能不足，系统崩溃后需要一段启动时间。Lee 为保证系统在不同负载条件下的稳定性提出了新的下垂函数。在设计控制器时可以考虑四种策略：一种有功功率管理策略和三种无功功率策略（改善功率因数、电压分布和 VQ 下垂）。也可以用一种三级多微电网能量管理的优化方法，利用 MATLAB 中灰狼优化算法确定了不同的连接模型并设计了二级控制器。对于提出的控制策略的主控制只有电压控制命令而没有电流控制命令，传输电流由主从装置提供。每个逆变器的参考电流和输出电压调节由主模块指定，在瞬态过程中，可能会出现高输出电流超调。

（4）高渗透率光伏集群有功功率的高效消纳方面。产业园屋顶光伏、户用光伏等以低渗透率少量分散并网时，依赖逆变器自身控制逻辑将能量馈网，对其有功功率进行调度的需求并不迫切。但上述光伏电源呈现高渗透率集群连片入网时，因源荷不匹配产生功率倒送，使 10kV 和 380V 电压等级配电变压器呈现电源外特性，改变了电力系统传统运行方式，电网调度部门具备了进行高渗透率光伏有功调度的现实意义。由于上述监控终端研发的缺位，高渗透率光伏集群的有功功率消纳成为一大痛点。

（5）高渗透率光伏集群的线路电压越限控制。高渗透率分布式光伏电源集群入网极易导致馈线与 380V 台区并网点 PCC 电压越上限。因此，合理利用光伏逆变器无功功率调节能力能够抑制电压越限，降低电网运行风险。

（6）电力系统风险理论。电力系统风险的相关理论最早可以追溯到 1997 年，国际大电网会议（International Council on Large Electric Systems，CIGRE）给出了电力系统运行风险的概念，两年后，美国电力学家 Vittal、McCalley 等人在一篇文章中对电力系统运行风险进行了定义，并借助风险理论给出了电力系统实时可靠性评估的方法，以实现对电网安全性的实时评估，这一研究引起了美国电力科学研究院（Electric Power Research Institute，EPRI）的关注，并得以实践。此后，美国对电力系统运行风险开展了更加深入的研究，包括基于风险的安全域分析、暂态稳定性评估、电压稳定性评估和最优潮流等。

（7）光伏－负荷缺口预测。目前光伏发电系统日前短期功率预测已经开展广泛研究，预测方法有两大类：模型驱动和数据驱动。模型驱动是指结合光伏设备电气运行参数和温度、湿度、光照等环境因素，依据物理机理建立的模型；数据驱动是指利用历史环境数据和对应的历史光伏出力数据寻找映射关系，从而建立起预测模型。在模型驱动方面，可以利用光伏发电设备所处的地理位置和光伏板与太阳光照线之间角度等物理信息，结合光伏系统组件的光电转换效率公式，建立光伏电站的物理模型。基于物理机理建模困难，也无法建立精确模型，且模型计算效率低下，参数设置也只能凭借经验获得，因此其预测精度和计算效率都有待提升。随着高比例光伏的接入，模型驱动方法难以适应电网调控对光伏预测准确性和快速性的要求。人工智能技术的出现使得众多研究者将注意力集中在基于数据驱动方法上进行光伏功率准确预测，例如支持向量机（support vector machine，SVM）、人工神经网络（artificial neural network，ANN）、极限学习机（extreme learning machine，ELM）、马尔科夫链等方法。方案也有利用光伏出力数据集建立增强决策树模型来预测光伏发电；针对光伏发电输出和光伏储能、充电站充电负荷存在明显的随机性和间歇性问题，研究者分别提出了基于长短期记忆神经网络的光伏发电预测模型和基于 BP 神经网络的充电负荷预测模型。相比于模型驱动方法，上述几种人工智能方法的预测效果更佳。

（8）光伏自调节策略。针对光伏出力和海量柔性负荷用电均具有较大不确定性，系统运行呈现出双重高不确定性的特点，国外研究学者针对台区分布式光伏调节优化策略开展了研究，以促进光伏能源消纳。在源侧消纳上，可以利用储能系统的可用容量管理技术，实现屋顶太阳能光伏消纳；然而，由于较大的投资成本和较高的运维复杂度，源侧消纳并不适用于分布式光伏台区对光伏的消纳要求，故而广泛采用荷侧消纳，且家居负柔性荷能够响应电力系统需求作为可控负荷主动参与电网互动。另外针对不确定性优化问题，也可以分别采用随机规划和鲁棒优化两种解决方案对台区分布式光伏调节策略进行优化。其中，随机规划局限性明显，实际工况下不确定变量的分布较难准确获取，不满足随机规划对不确定变量概率分布特征的准确性要求。鲁棒优化则不需要获取不确定变量的分布特征，仅需要对其采用不确定性集合描述，优化目标对于不确定性集合上的任意点，便能确保获得鲁棒最优解。

1.2.4　国内研究机构研究进展

（1）自适应通信协议与运行评价。国内，在自适应通信协议转换方面，分布式光伏电源点多面广且单个容量小，解决分布式光伏电源多形态接入下的信息传输、协调控制技术难度很大。要实现对区域分布式电源的实时监控，需要解决主站监控系统、通信通道切换、就地信息采集三个环节的问题。分布式光伏电站和监控主站系统之间的远动通信协议采用 698.45 或 645 规约，光储设备对外通信采用自定义 Modbus 协议，目前，主要研究集中于协议转换相关技术，对用户侧分布式光伏的自适应通信接入技术研究较少；在异常自调方面，国内分布式新能源接入总体情况为重建设、轻管理、无调度，已有的光伏系统建设和运维管理没有统一的技术要求，商业光伏监测解决方案主要由代理企业通过定期数据分析来检测设备故障，需要检修人员在现场对太阳能电池板、光伏逆变器等单个设备进行故障排查，未形成对低压分布式光伏系统整体的感知监测体系。由于没有传感设备支持和可靠的数据实时通信传输的信道，目前用电末端感知层级只能到用户电能表，分布式光伏感知监测存在短板，无法全面感知光伏发电设备数据。在运行评价方面，霍富强等人基于光伏阵列规模较大和辐射型网络且集电单元间耦合较弱的特点，提出了一种基于分区分层前推回代算法的光伏运行状态评估方法，实现对光伏运行状态的准确评估。朱红路等人提出了一种基于无监督样本聚类和以聚类数据为输入的概率神经网络模型的状态评估方法。在精准补贴方面，随着光伏产业的迅速发展，带来了装机规模暴增与补贴缺口的暴增，至 2017 年，国家的补贴资金缺口已超过 1000 亿元。为了避免缺口的继续增长，让光伏产业健康发展，2018 年 6 月 1 日，国家发展改革委、财政部、国家能源局联合发布《关于 2018 年光伏发电有关事项的通知》，通知中对电站补贴范围及规模做了系列的收紧，对光伏电价实施精准体贴。

（2）分布式光伏群调群控与状态监测。随着国内对分布式新能源的大力推广，关于低压分布式光伏群调群控和安全运行状态监测技术在实践层面上做出了先进探索和实践。在低压分布式光伏群调群控方面，国网河北省电力有限公司以定州市供电分公司、保定市徐水区供电分公司两家单位全部 2.1 万户低压分布式光伏用户为首批试点，通过增加协议转换器、接口转换器、光伏控制开关，协议转换器通过 RS485 采集逆变器数据，控制逆变器出力和断路器开合闸，并通过载波上行与采集终端通信。在低压分布式光伏安全运行状态监测实践方面，国网盐城供电公司在盐城市分布式光伏接入用户已达 2.8 万户。盐城供电公司基于盐城地区分布式光伏数据，结合历史辐照强度、当日温度、空气湿度、气压等多种气象数据，依托配电网图模拓扑关系及分布式光伏预测模型，通过全域分布式光伏发电与用户用电情况的计算，开展配电网各区域分布式光伏运行状态分析，构建盐城地区分布式光伏全景监测看盘，分析单个分布式光伏的发电出力变化，实现实时预警配电网高渗透区，避免线路因分布式光伏发电引发重过载、配电自动化终端误动等问题，并对可开放容量计算、电网运行分析进行数据纠正，协助配电网调控员更加科学合理地安排配电网运行方式，进一步提升了配电网状态感知精度。

（3）台区分布式光伏出力预测。在台区分布式光伏出力预测方面的研究中，虽然我国对光伏发电展开了大量研究，但技术上仍滞后于发达国家，目前处于广泛探索阶段。按照时间尺度划分：超短期预测（5min～4h）、短期预测（4～72h）、中长期预测（1 月～1 年），由于本书涉及分布式光伏台区日前的优化调节策略，所以对短期光伏功率预测展开研究。通过采用模型驱动，挖掘历史光伏功率序列的多时间尺度变化规律，采用概率分布模型针对光伏功率快速波动特点进行建模。方案也有在应用数据驱动方法上，分别采用 SVM、ANN、ELM、马尔科夫链等机器学习算法进行光伏功率准确预测。同时为了进一步提高预测精度，考虑到光伏出力中含有多种模态，有研究者提出将历史光伏功率序列进行模态分解，然后再针对每一分量进行预测，这种方法称为组合预测。已有研究表明光伏功率组合预测精度普遍优于单一预测模型。如为提高光伏发电功率预测的准确性，提出了一种基于改进自适应因子与精英反向学习策略的改进灰狼算法；可以采用经验模态分解对光伏出力进行分解，但该方法信息丢失大、存在模态混叠现象，造成预测精度相对较低；也可以采用变分模态分解，但不能自适应确定模态分量数，而采用繁琐的中心频率法确定模态分量数。随着深度学习的深入发展，卷积神经网络（convolutional neural network，CNN）、长短期记忆神经网络（short and long term memory neural network，LSTMNN）等深度神经网络模型成为当前光伏功率组合预测的主流方法。基于长短期记忆神经模型对光伏功率进行组合预测，可以采用卷积－长短期记忆神经混合网络模型对光伏功率进行组合预测。与传统机器学习方法相比，深度神经网络模型在组合预测精度方面取得了显著的效果。

（4）台区用户用能特征分析。在台区用户用能特征分析方面的研究中，一些方案采用动态时间弯曲距离来量度负荷曲线相似性，提高了分类可靠性，但距离计算较为复杂，算法效率较低。部分作者提出基于云模型确定聚类算法的初始聚类中心和最佳聚类数，但仍然以原始数据作为聚类输入，数据维数过高导致计算过程复杂，不能满足实时聚类的需求。也有通过提取原始电量特征（如最大负荷利用小时数、日负荷率等）对功率曲线进行降维处理，明显提升了计算效率，然而所提取特征不完善，难以最大限度保证负荷曲线的整体、局部形态特征。通过提出增加特征指标进行日负荷曲线聚类能更加精细化描述负荷曲线。也有通过采用不同的降维技术对原始功率曲线进行降维处理，能够很好地提高聚类效率，却带来曲线失真新的问题。为了更进一步改进，部分作者提出了采用特征指标权重配置可以体现每个特征分量对聚类结果的贡献。

在不确定性优化方面的研究中，一般可采用随机优化和鲁棒优化两种解决方案。两种优化方法的区别在于：随机优化需要提前知道或者假设对应的随机变量概率分布函数，而鲁棒优化不需要提前知道随机变量的概率分布函数，只需知道随机变量的取值范围即可。具体来说，随机优化将新能源输出功率当成随机变量，通过提前假设随机变量服从某一分布或者对历史功率序列进行统计分析得到随机变量的概率模型，并采用场景缩减技术对抽样生成的若干典型场景展开聚类缩减，最后从期望场景集合中得到最优调度指令。研究者为实现分布式新能源协调优化调度，提出了随机模型预测控制方法；针对光伏输出功率的随机波动，考虑将光伏输出功率的连续概率密度函数进行离散化，从而获得能更好描述其随机特征的期望场景集合。类似的研究工作为不确定性优化问题提供了思路，但涉及的概率模型都是提前设定服从已知的概率分布函数，实际是否服从这一分布无法得知。针对新能源输出功率概率分布完全未知的前提下，提出的生成对抗网络场景模拟的随机优化模型，可以直接利用真实样本数据去学习高逼近的概率模型，从而准确描述新能源出力的不确定性特征。由此可见，随机优化具有明显的局限性，难以准确获取实际场景下不确定变量的概率分布，不符合随机优化对不确定变量概率分布特征的精度要求。而鲁棒优化不需要获得不确定变量精确的概率分布特征，只需要用不确定集合来描述不确定性变量即可，保证优化目标可以获得不确定集上任意一点的鲁棒最优解。研究者将光伏出力和负荷用电典型日历史数据自适应生成的置信区间与鲁棒优化中不确定集的构建相结合，建立了基于区间概率不确定集的自适应鲁棒优化调度模型。针对新能源出力具有不确定性特征，以最小化最差情况下的运行成本，提出了 min-max-min 鲁棒优化模型对系统运行成本上限进行评估。针对含高比例分布式光伏台区的灵活用户与分布式光伏协同优化运行具有明显双重不确定性特点的场景，已证明采用分布式鲁棒优化能很好地解决这种复杂度极高的问题。

在台区自调节运行下优化策略的研究中，随着信息科学与技术的发展，智能电网的建设如火如荼，各种智能家居层出不穷，由于其精准的信号采集能力和先进的通信控制技术，智能家居负荷能够根据电力系统的需求作为可控负荷主动参与电网互动，这将促进以光伏为代表的新能源消纳。研究者们以一种更为有效的方式集成了分布式可再生能源、储能设备及主动负荷，提出了负荷平移求解策略；根据负荷的强关联性和时间关联性，完成了主动负荷中可平移负荷的辨识，为提高用户参与需求响应的积极性提供数据基础；根据冷热电联供系统内主动负荷特性，从需求和供给两侧热电比相匹配的角度建立主动负荷可平移模型，最后通过仿真验证了冷热电联供系统的主动负荷平移在削峰填谷、降低成本等方面的作用。

第 2 章

高比例分布式光伏台区的运行现状

———— · 2.1　高比例分布式光伏台区概况 · ————

本章以某高比例分布式光伏低压台区 2023 年 5 月 6 日～6 月 8 日共计 34 天的数据为例，分析低压台区中负荷、电压和分布式光伏出力的特征。该数据集时间分辨率为 15min，由台区变压器低压侧、各用户和分布式光伏计量点处的智能电能表采集得到。数据类别为各计量点处的相电压、相电流、有功功率值（相功率以及节点总功率）和电量累计值，其中台区变压器低压侧还包含了功率因数值（各相以及总的功率因数）。台区内的台账信息记录了：①台区内各计量点（用户）的类型，分为光伏或非光伏计量点（用户）两类；②台区内各计量点（用户）的相别，其中单相计量点（用户）仅测量一个相别的信息，三相计量点（用户）则测量全部相别的信息，但是无论单相计量点（用户）还是三相计量点（用户），相别的标识均不准确，存在大量的错误；③本台区分布式光伏装机情况见表 2-1，台区内共有三个分布式光伏发电系统，总装机容量为 99.6kW，台区内台区变压器容量为 100kVA，因此分布式光伏的渗透率达到了 99.6%，属于极高比例分布式光伏台区。

表 2-1　　　　　　　　　某低压台区分布式光伏装机情况表

编号	客户名称	客户编号	用电户编号	合同容量（kW）	上网类型
1	李**	0723****	0770****	15.4	全额上网
2	王**	0794****	0795****	34.65	全额上网
3	李**	0797****	0803****	49.595	全额上网

通过统计台区台账和各计量点的 ID 号，除台区变压器低压侧的 1 个计量点外，该台区内共有 74 个计量点（用户），其中包含 3 个分布式光伏计量点（用户）。由于低压台区内三相不平衡现象较严重，同一计量点处测量到的不同相电压之间可能存在较大差别，为便于后续构建分相的台区实用模型，进一步统计各计量点包含的相别，并将每个相别作为一个节点。最终，74 个计量点对应了 144 个节点，其中，包含 9 个分布式光伏节点 [对应三个三相的分布式光伏计量

点（用户）］和 32 个三相用户计量点（对应 96 个节点）。由于某些三相计量点中某些相的电流一直为 0，对应的节点可以认为是无效节点，并综合电压和功率等信息对 144 个节点的有效性进行判定，最终连同 9 个光伏节点在内，共得到88 个有效节点，编号依次从 1 到 88。

由于分布式光伏仅在白天发电，因此，进一步从上述数据集中仅提取每天 8：00～18：00 之间的数据（即每天的第 32～72 个采样数据），将每个时间断面的数据称为一个场景，最终共得到 1351 个有效场景（时段）的采样数据，场景（时段）编号依次从 1 到 1351。下文将主要针对该筛选后的数据集进行详细分析。

2.2　负荷特征分析

低压台区中单相负荷与三相负荷共存，而负荷所接入的具体相别，存在信息缺失或错误的现象，因此，根据计量点处智能电能表测量数据情况，将每个计量点处的每一相作为一个节点，而节点的有效性则根据测量的电压、电流和有功值进行识别，删除电流和有功一直为 0 或小于一定阈值的节点，最终，该台区得到的有效节点数为 88 个，其中有 9 个为光伏节点，对应三个光伏系统的三个相别，剩余 79 个节点称为负荷节点，主要为单相负荷。

提取 79 个负荷节点在各历史场景下的功率值，绘制图 2-1 所示的三维图，可以看出，各节点处的负荷呈现出了较明显的随机性，缺乏周期性等规律性特征。

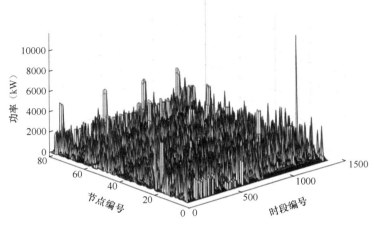

图 2-1　负荷节点在各历史场景中的功率值

以 4 号节点为例，其功率曲线如图 2-2 所示，可以看出，该用户的持续性负荷较小，基本在 400W 以下，并呈高频波动特征；超过 1kW 的大功率负荷，呈现显著的冲击性尖峰，说明低压居民用户中的大功率负荷工作时间通常较短，且开启时间具有较大的随机性，无显著规律。这些特征最终导致单一节点处的负荷分布特征难以用已知分布模型进行拟合，如图 2-3 所示。

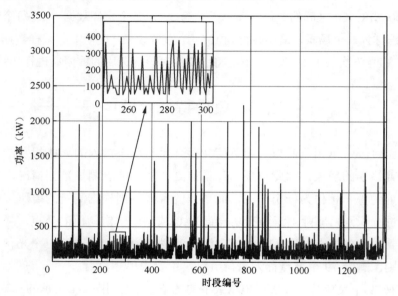

图 2-2　4 号节点功率曲线

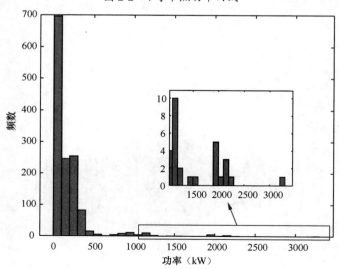

图 2-3　4 号节点功率分布

进一步的，分析台区内各节点之间负荷的空间相关性，得到图 2-4 所示的结果，图中各节点之间相关性很小，普遍在 0.1 以下，只有同一个计量点中不同相别之间由于功率相等而呈现显著的相关性，如图 2-4 中左上角的 1～3 号节点和右下角的 77～79 号节点等，分别对应 ID 为 0482296292 和 0751834031 两个三相计量点。

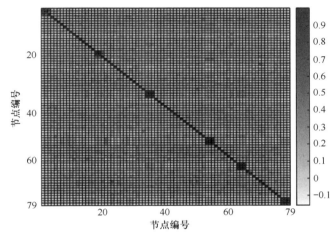

图 2-4　各节点负荷之间的空间相关性

类似的，对于同一个节点，每天 8：00～18：00 共计 41 个时段，每个时段有 34 个样本，分析负荷在不同时段之间的时间相关性。以 4 号节点为例，可以得到图 2-5 所示的结果，图中，即使相邻的时段之间，线性相关性也普遍小于 0.2，表明负荷在时间上无显著的线性相关性，各时段之间的用电行为相对独立。

综合图 2-1～图 2-5 及以上分析可知，台区中各节点的负荷时间序列整体呈现出无法预测的随机性，分布规律也无法用单一分布进行拟合，各节点之间以及同一节点在邻近时段之间的负荷大小也几乎没有任何显著的线性相关性，可认为其用电行为在空间和时间上均相互独立。这些特征导致难以构建台区负荷的联合分布模型，增加了台区内各节点典型负荷场景的选取难度。

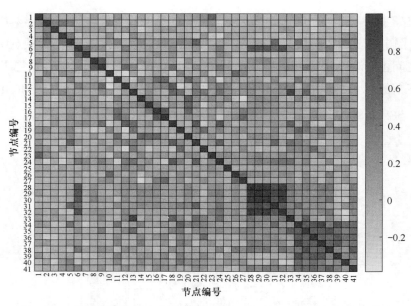

图 2-5　4 号节点的负荷在各时段（8：00～18：00 期间）之间的相关性

2.3　分布式光伏出力特征分析

　　该台区中光伏台账信息如表 2-1 所示，三个光伏均为三相系统，上网方式均为全额上网。三个光伏在 5 月 6～12 日期间每天 8：00～18：00 的出力曲线如图 2-6 示，图中光伏出力为负值的原因是参考正方向从电网到计量点。从图 2-6 中可以看出，三个分布式光伏出力的变化趋势一致，这表明三个光伏外部的气象环境因素基本一致，因此在进行分布式光伏出力预测时，可以认为同一台区内的光照、温度和云量等参数一致，各光伏的具体出力值主要受自身装机容量和效率等因素的影响。

　　将各光伏的实际出力除以对应的装机容量，换算为消纳比例（出力比例）得到图 2-7 所示的结果，图 2-8 为三个光伏消纳比例（出力比例）的平均值。可以看出，在具体的消纳比例（出力比例）上，三个光伏之间存在一定的差别，而且在前 700 个场景中，光伏 3 的消纳比例始终最小，光伏 2 的消纳比例始终最大，但是在后 700 个场景中，消纳比例最小的光伏变成了光伏 1，最大和最小之间相差约 0.15，出现这一现象的原因还有待进一步分析，可能与逆变器

运行效率、光伏组件安装倾角、效率、光伏额定容量台账数据准确度等因素
有关。

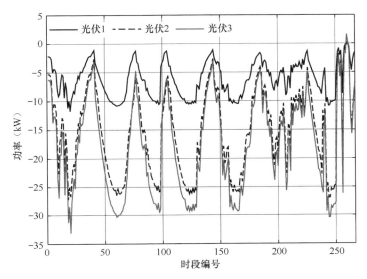

图 2-6　台区中各分布式光伏出力曲线

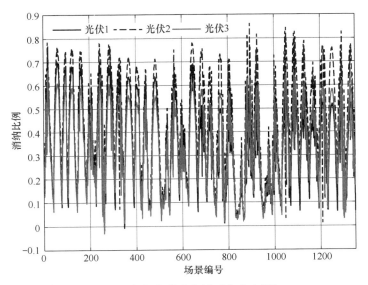

图 2-7　各光伏消纳比例（出力比例）

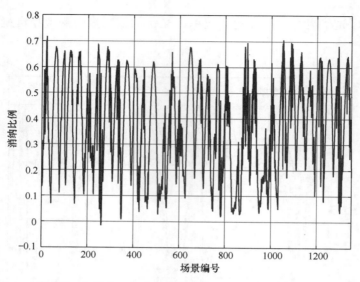

图 2-8 台区中三个光伏的平均消纳比例（出力比例）

2.4 台区内节点电压特征分析

图 2-7 中 1 号和 3 号分布式光伏在同一条分支线上，2 号分布式光伏单独在一条分支线上，因此，当 1、3 号光伏所在支路出现功率倒送现象时，这两个光伏计量点处的电压必然高于本支路其他计量点。同时：①如果其他支路又没有出现功率倒送，则 1、3 号光伏节点处的电压也必然高于其他所有支路中各计量点的电压；②如果其他支路也存在功率倒送，如 2 号光伏所在支路，则 1、3 号光伏计量点处的电压未必高于其他倒送功率支路中计量点的电压。最终可能出现部分光伏计量点电压低于负荷计量点电压的情况，但总的来说，台区功率倒送期间，内部每一相的最高电压点必然是光伏计量点。但是，如果台区没有倒送功率，而仅仅是部分分支线路存在反向潮流，则台区内电压最高点未必一定是光伏计量点。

为验证上述分析的正确性，首先通过相位辨识，对各负荷和分布式光伏节点所对应的相别进行辨识，然后针对中午光伏高发时段，分析台区内各节点电压分布特征。以 5 月 6 日中午 12：30 分为例，该时刻台区总倒送功率为 62.0kW，台区变压器处各相倒送功率为 21.8、19.4kW 和 20.8kW，台区变压器低压侧电压为 256.7、255.4V 和 258.5V，台区内各节点对应相的电压如图 2-9 和图 2-10 所示。尽管光伏 1 和光伏 3 的安装位置接近，但图 2-9 和图 2-10 中光伏 3 节点处各相的电压却明显高于光伏 1，这可能主要由两个因素导致：①光伏 3 的出力显著大于光伏 1，相差约 2 倍，因此，同样规格的导线，光伏 3 单位长度的压降将比光伏 1 多 1 倍；②两个光伏的下户线长度可能存在较大差别。最终使得光伏 3 节点呈现更高的电压，才能顺利将电能送出。

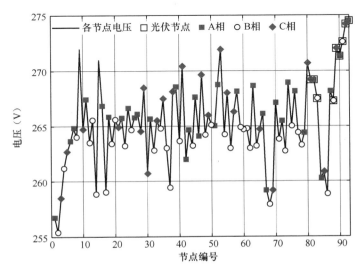

图 2-9　某低压台区内各节点各相的电压分布

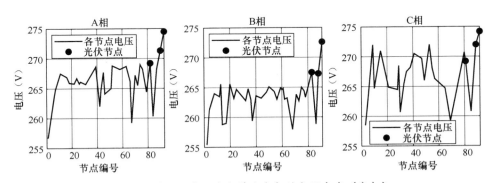

图 2-10　某低压台区内各节点各相的电压分布（分相）

为分析更多场景下节点电压的分布特征，图 2-11 呈现了各历史场景中负荷节点和光伏节点最大、最小电压值，可以看出，光伏节点电压最大值与负荷节点电压最大值之间的区分并不明显，二者差值的整体分布情况如图 2-12 所示，图中差值小于 0 时呈现出高尖峰和较明显拖尾的现象，差值大于 0 时，呈现相对集中的分布，但两种情况下的频数之和基本相等。这是因为一方面分布式光伏出力大小随时间变化，只有当光伏出力大于一定水平后，光伏节点电压最大值才会大于负荷节点电压最大值；另一方面，该台区内光伏节点附近即存在负荷节点，因此光伏高发时段，负荷节点的电压也得到了抬升，与光伏节点电压

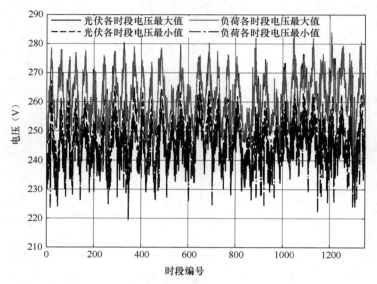

图 2-11　各历史场景中负荷节点和光伏节点的最大电压

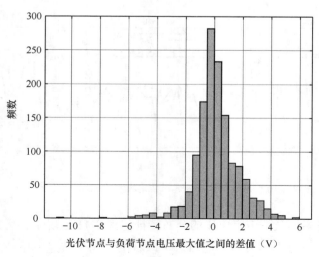

图 2-12　各历史场景中最大值差值分布情况

相差不大。与电压最大值不同，光伏节点电压最小值普遍大于负荷节点电压最小值，二者差别相对较明显，尤其是光伏高发时段，光伏节点电压最小值显著大于负荷节点电压最小值，但依然小于负荷节点电压最大值，这依然是因为电压最大的光伏节点附近存在负荷，进而抬升了负荷节点电压的最大值。

2.5　台区变压器低压侧电压特征分析

图 2-13 和图 2-14 分别是某低压台区台区变压器低压侧 5 月 6～10 日期间每天 8：00～18：00 的相电压和相功率曲线，可以看出，在分布式光伏出力高峰时段，台区内呈现显著的倒送功率，台区变压器低压侧电压也得到了显著的抬升。台区变压器低压侧相电压大小与相功率之间的线性相关性达到了−0.7 左右，表明台区变压器低压侧的电压并不能认为是恒定的，而是受台区内总负荷的大小影响显著，且倒送功率越大，台区变压器低压侧的电压也越高。

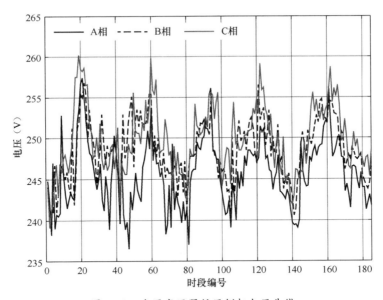

图 2-13　台区变压器低压侧相电压曲线

图 2-15 和图 2-16 分别是台区变压器低压侧相电压和相功率的分布情况，可以看出，台区变压器低压侧最高电压达到 265V 以上，整体均值约为 249.3V，基本为对称的正态分布。而图 2-16 中表明在每天的 8：00～18：00 期间，该台

区主要呈潮流倒送状态，倒送功率普遍在 20kW（相值）以内，分布相对均匀，倒送功率最大值为 22kW（相值）左右。参考 2.3、2.4 节的分析，在此期间，分布式光伏的最大出力比例约为 0.7，台区内部负荷节点电压最大值约为 275V。因此，有理由推测，当分布式光伏出力比例达到 100%时，系统倒送功率将在现有基础上每相再增加约 10kW，这将显著抬升台区变压器低压侧相电压，进而导致台区内部各负荷节点的电压远高于允许值。

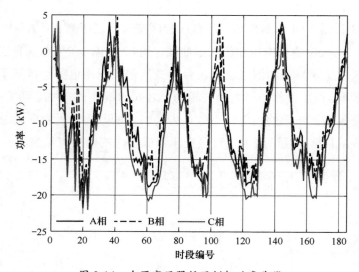

图 2-14　台区变压器低压侧相功率曲线

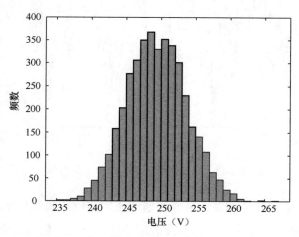

图 2-15　台区变压器低压侧相电压分布情况

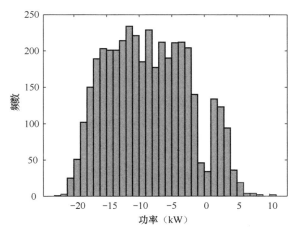

图 2-16　台区变压器低压侧相功率分布情况

2.6　本章小结

本章结合实际数据，统计分析了含高比例分布式低压台区的运行特征。结果显示：

（1）低压台区由于直接面向用户，因此各节点处用户的用电功率具有极强的随机性，不同节点处的用户用电规律基本相互独立，但台区内全体用户构成的总用电规律又呈现显著的峰谷周期性，这种"个体随机而综合规律"的特征与中高压电网存在显著差别，导致中高压中的成熟调控策略难以直接应用。

（2）高比例分布式光伏低压台区中各节点之间的电压存在显著差异，最大可相差 20V，因此，当台区变压器低压侧存在多个分支线时，一个台区内可能既存在过电压节点又存在低电压节点。在安装分布式光伏时，应根据分支线进行规划，而不应该根据整个台区进行规划。

（3）当台区内分布式光伏渗透率提高时，受台区变压器自身阻抗的影响，台区变压器低压侧电压也会显著提升，在对台区建模时，台区变压器处不能认为电压恒定，即单个低压台区不存在恒定的电压参考点。

第 3 章

低压台区传统电能质量相关参数的估计算法研究

电压偏差、频率偏差、三相不平衡和供电可靠性等构成传统电能质量的主要内容。与传统电能质量问题相关的基本电能质量参数，包括频率、电压有效值、三相不平衡度、功率因数等，目前依然是电力系统运行水平考核和电能质量评估的主要指标。这些参数均是针对电力系统稳态情况下电气信号的基波成分而言的。由于负荷功率变化或运行方式的改变，这些参数随时间变化，但其变化速率一般比暂态状态下要慢。

本章根据传统电能质量问题下电气信号的变化特点，提出一种基于短时傅里叶变换的基本电能质量参数估计算法，详细介绍了算法原理、实现步骤、各电能质量参数具体估计运算过程，并就窗函数及窗宽选择等关键问题进行了研究，最后对算法进行仿真，验证算法的可行性和有效性。

3.1 基于STFT的工频参数估计算法

长期以来，傅里叶变换是电气信号分析的最基本的数学工具。但由于傅里叶变换本身的局限，它只能反映信号的整体频谱特性，对于频率随时间变化的时变信号或非平稳信号，傅里叶变换只能检测出信号的频率成分，却无法检测出某一频率在时间上的具体分布位置。为了解决时变信号的局部特征刻画问题，发展出了短时傅里叶变换（short-time fourier transform，STFT）和小波变换（wavelet transform，WT）等时频分析方法。

短时傅里叶变换是研究非平稳信号最常用的方法之一，它既解决了傅里叶变换没有时间分辨率的问题，也避免了小波分析在频域上的模糊性问题，适合于分析变化速率不快的传统电能质量问题。

3.1.1 短时傅里叶变换

短时傅里叶变换也称窗口傅里叶变换，是一种局域化的时频分析方法，这种方法的基本思想是：把信号划分成许多小的时间间隔，用傅里叶变换分析每一个时间间隔，以便确定该时间间隔内存在的频率。它把非平稳信号看成是一系列短时平稳信号的迭加，而短时性则通过时域上加窗来获得。其表达式为

$$X(\omega,\tau) = \int_R x(t)w^*(t-\tau)\mathrm{e}^{-\mathrm{j}\omega t}\mathrm{d}t \qquad (3\text{-}1)$$

其中 $x(t)$ 为待分析信号，$w(t-\tau)$ 起着时限的作用。随着时间 τ 的变化，$w(t)$ 所确定的"时间窗"在 t 轴上移动，对 $x(t)$ "逐渐"进行分析，因此，$w(t)$ 被称为窗口函数（τ 反映滑动窗的位置），$X(\omega,\tau)$ 大致反映了 $x(t)$ 在时刻 τ 时、频率为 ω 的"信号成分"的相对含量。这样信号在窗函数上的展开就可表示为在 $[\tau-\delta,\tau+\delta]$、$[\omega-\varepsilon,\omega+\varepsilon]$ 这一区域内的状态，并把这一区域称为窗口，δ 和 ε 分别称为窗口的时宽和频宽，表示了时频分析中的分辨率，窗宽越小则分辨率就越高。很显然，希望 δ 和 ε 都非常小，以便有更好的时频分析效果，但海森堡（Heisenberg）测不准原理（uncertainty principle）指出 δ 和 ε 是互相制约的，两者不可能同时都任意小。

短时傅里叶变换虽然在一定程度上克服了标准傅里叶变换不具有局部分析能力的缺陷，但也存在着自身不可克服的缺陷，即当窗函数 $w(t)$ 确定后，矩形窗口的形状就确定了，τ 和 ω 只能改变窗口在相平面的位置，而不能改变窗口的形状。可以说短时傅里叶变换实质上是具有单一分辨率的分析，若要改变分辨率，则必须重新选择窗函数。

传统电能质量问题的特征参数随时间而变化，但是在电力系统正常运行条件下，其变化速率并不快，单一分辨率基本上可满足分析的要求，STFT 的这一缺陷对分析的影响并不大，而且必要时还可以通过采取下文中将要介绍的一些措施来减小其影响。其次，STFT 的基函数为正弦、余弦函数（或复指数函数），与被分析的电力信号的相似性非常好，变换结果物理意义明确，从变换结果可直接得到信号的有效值和相位，不再需要任何其他变换。这些原因决定了 STFT 是较理想的传统电能质量参数估计的方法。

3.1.2　窗函数选择

Douglas L. Jones 和 Thomas W. Parks 最先对 STFT 的窗效应进行研究，提出了采用高斯函数作为窗函数的方法，并通过自适应优化确定高斯窗参数。在各种窗函数中，高斯窗具有最小的时宽频宽积，因此，对于一般信号，可以取得

较好的分析效果。不过，本章后续研究表明，对于电力信号这样的周期或准周期信号的分析，高斯窗函数并不是最佳选择。

STFT 需对信号加窗，不可避免地会产生频谱泄漏。对于单频率信号，信号负频率分量的频谱"泄漏"到正频率分量处会影响信号基波频率的估计。实际电气信号中除基波外，常常还含有谐波，高次谐波频谱"泄漏"到基波频率处也会给频率估计带来误差。窗函数的特性对 STFT 非常重要，选择适当的窗函数是减少频谱泄漏的有效方法。

余弦窗在信号分析中经常被使用。余弦窗的一般表达式为

$$w(n) = \sum_{h=0}^{H} (-1)^h a_h \cos\left(\frac{2\pi}{N} nh\right) \qquad (n = 0,1,2,\cdots,N) \qquad (3\text{-}2)$$

该表达式右边有 $H+1$ 项，所以余弦窗的项数为 $H+1$。H 为 0 时，就是矩形窗，其频谱称为狄利克雷核（Dirichlet 核），为

$$D(f) = \frac{\sin(\pi f / \Delta f)}{N \sin(\pi f / N \Delta f)} e^{-j\pi \frac{N-1}{N} \cdot \frac{f}{\Delta f}} \qquad (3\text{-}3)$$

当余弦窗系数满足 $\sum_{h=0}^{H} (-1)^h a_h = 0$ 时，具有线性相位特性，且其频谱为

$$W(f) = \sum_{h=0}^{H} (-1)^h \frac{a_h}{2}\left[D\left(\frac{f}{\Delta f} - h\right) + D\left(\frac{f}{\Delta f} + h\right)\right]$$

$$= e^{-j\frac{\pi f}{\Delta f}} \cdot \sin\left(\frac{\pi f}{\Delta f}\right) \sum_{h=0}^{H} \frac{(-1)^h a_h \sin\left(\frac{2\pi f}{N\Delta f}\right)}{2N \sin\left[\pi\left(\frac{f}{\Delta f} - h\right)/N\right] \sin\left[\pi\left(\frac{f}{\Delta f} + h\right)/N\right]} \qquad (3\text{-}4)$$

H 及系数 a_h 取不同的值，即可构成不同性能的窗，其中常见的具有线性相位特性的窗及其相关参数和特性见表 3-1。其中，B-H 窗是 Blackman-Harris 窗的简称。

表 3-1　余弦窗参数及特性

窗	项数	a_0	a_1	a_2	a_3	主瓣宽度	第 1 旁瓣峰值（dB）
矩形窗	1	1	—	—	—	$2\Delta f$	−13
Harris	2	0.5	−0.5	—	—	$4\Delta f$	−31
Blackman	3	0.42	−0.5	0.08	—	$6\Delta f$	−57
B-H	4	0.35875	−0.48829	0.14128	−0.01168	$8\Delta f$	−92

对于周期信号，余弦窗具有这样的特性：只要窗宽是信号周期的整数倍，其频谱在各次整数倍谐波频率处幅值为零，因而谐波之间不发生相互泄漏。即使信号频率作小范围波动，泄漏误差也较小。因此，选择余弦窗，再配合选取窗宽接近信号周期的整数倍，可以在估计信号某一频率参数时，其受自身负频率分量和其他频率分量的影响较小，从而获得较高的测量精度。电力信号在稳态情况下一般可看成准周期信号，因此余弦窗在电能质量参数估计中具有一定的优势。

矩形窗是余弦窗最简单的形式。宽为 M 的矩形窗序列为

$$w_R(n) = \begin{cases} 1 & (0 \leqslant n \leqslant M-1) \\ 0 & (\text{其他}) \end{cases} \tag{3-5}$$

由式（3-5），其离散时间傅里叶变换（discrete-time fourier transform, DTFT）又可写成

$$W_R(e^{j\omega}) = \frac{\sin(M\omega/2)}{\sin(\omega/2)} e^{-j\left(\frac{M-1}{2}\right)\omega} \tag{3-6}$$

将宽为 M 的矩形窗序列与自身作卷积，得宽为 $2M-1$ 的序列为

$$\begin{aligned} w(n) &= w_R(n) * w_R(n) \\ &= \begin{cases} n+1 & (0 \leqslant n \leqslant M-2) \\ 2M-n-1 & (M-1 \leqslant n \leqslant 2M-2) \end{cases} \end{aligned} \tag{3-7}$$

根据卷积定理，其 DTFT 为

$$W(e^{j\omega}) = W_R(e^{j\omega}) \cdot W_R(e^{j\omega}) = \frac{\sin^2(M\omega/2)}{\sin^2(\omega/2)} e^{-j(M-1)\omega} \tag{3-8}$$

在这一序列的前面加上 1 个 0，得宽 $2M$ 的序列，以 $w_{R^2}(n)$ 表示为

$$w_{R^2}(n) = \begin{cases} n & (0 \leqslant n \leqslant M-1) \\ 2M-n & (M \leqslant n \leqslant 2M-1) \end{cases} \tag{3-9}$$

根据 DTFT 的性质，容易证明，对于任一序列，在其前面加 m 个 0，得到新序列的 DTFT 等于原序列 DTFT 乘 $e^{-jm\omega}$；在其后面加 m 个 0，新序列的 DTFT 仍为原序列的 DTFT。

因此，$w_{R^2}(n)$ 的 DTFT 为

$$W_{R^2}(e^{j\omega}) = \frac{\sin^2(M\omega/2)}{\sin^2(\omega/2)} e^{-jM\omega} \tag{3-10}$$

令 $N = 2M$ ，则 $w_{R^2}(n)$ 的时域、频域表达式分别为

$$w_{R^2}(n) = \begin{cases} n & (0 \leqslant n \leqslant N/2-1) \\ N-n & (N/2 \leqslant n \leqslant N-1) \end{cases} \tag{3-11}$$

$$W_{R^2}(e^{j\omega}) = \frac{\sin^2(N\omega/4)}{\sin^2(\omega/2)} e^{-j\frac{N}{2}\omega} \tag{3-12}$$

类似地，将 p （正整数）个相同宽的矩形窗序列相互作 $p-1$ 次卷积，再在所得序列的前面加 $p/2$ 个（ p 为偶数时）或 $(p-1)/2$ 个（ p 为奇数时）0，在序列后面加 $(p-2)/2$ 个（ p 为偶数时）或 $(p-1)/2$ 个（ p 为奇数时）0，得到的窗函数，即为 p 阶矩形自卷积窗（rectangular self-convolution window, RSCW）。

p 阶矩形自卷积窗宽 N 为矩形窗宽 M 的 p 倍，其频谱特性为

$$W_{R^p}(e^{j\omega}) = \begin{cases} \dfrac{\sin^p(N\omega/2p)}{\sin^p(\omega/2)} e^{-j\frac{N}{2}\omega} & (p\text{为偶数}) \\ \dfrac{\sin^p(N\omega/2p)}{\sin^p(\omega/2)} e^{-j\frac{N-1}{2}\omega} & (p\text{为奇数}) \end{cases} \tag{3-13}$$

它在 $\omega = 2kp\pi/N$ （ $k = \pm 1, \pm 2, \cdots$ ）处的频谱幅值为 0，且在这些零点处的 $1 \sim p-1$ 导数值均为 0。这种窗函数频谱在零点附近具有最平坦特性，其取值极小。

由于电气信号谐波频率一般为基波频率的整数倍，如果使窗宽 T 恰好为信号基波周期的 p 倍，并选择 p 阶矩形自卷积窗，则 STFT 变换时，信号负频率分量和各次谐波泄漏到基波频率处的频谱值正好为 0，可以完全消除负频率分量和谐波对基波频率估计的影响。因此，矩形自卷积窗在电能质量参数估计中可以有比余弦窗更好的性能。

3.1.3 算法原理

设电气信号 $x(t)$ 在较短时间间隔内近似为简单余弦信号，其数学表达式为

$$x(t) = A_1 \cos(\omega_1 t + \varphi_1) \tag{3-14}$$

式中： A_1 、 ω_1 、 φ_1 分别为信号幅值、角频率和初相位。

信号 $x(t)$ 的傅里叶变换为

$$X(\omega) = \int_{-\infty}^{\infty} x(t)e^{-j\omega t}dt = \pi A_1[\delta(\omega-\omega_1)e^{j\varphi_1} + \delta(\omega+\omega_1)e^{-j\varphi_1}] \tag{3-15}$$

设窗函数 $w(t)$ 为偶对称的实函数，窗宽为 T ，在区间 $[-T/2, T/2)$ 外的值为

0，其傅里叶变换为

$$W(\omega) = \int_{-\infty}^{\infty} w(t)\mathrm{e}^{-\mathrm{j}\omega t}\mathrm{d}t \tag{3-16}$$

根据傅里叶变换的性质，$W(\omega)$ 亦为偶对称的实函数。

对 $x(t)$ 加滑动窗 $w(t-\tau)$（τ 为滑动窗的中心位置），再做傅里叶变换，即得到 $x(t)$ 的 STFT 为

$$X(\omega,\tau) = \int_{-\infty}^{\infty} x(t)w^*(t-\tau)\mathrm{e}^{-\mathrm{j}\omega t}\mathrm{d}t = \int_{\tau-T/2}^{\tau+T/2} x(t)w(t-\tau)\mathrm{e}^{-\mathrm{j}\omega t}\mathrm{d}t \tag{3-17}$$

由式（3-17）、式（3-16）及卷积定理得到

$$X(\omega,\tau) = \left[\int_{-\infty}^{\infty} x(t)\mathrm{e}^{-\mathrm{j}\omega t}\mathrm{d}t\right] * \left[\int_{-\infty}^{\infty} w(t-\tau)\mathrm{e}^{-\mathrm{j}\omega t}\mathrm{d}t\right]$$

$$= \pi A_1[\delta(\omega-\omega_1)\mathrm{e}^{\mathrm{j}\varphi_1} + \delta(\omega+\omega_1)\mathrm{e}^{-\mathrm{j}\varphi_1}] * [W(\omega)\mathrm{e}^{-\mathrm{j}\omega\tau}] \tag{3-18}$$

$$= \pi A_1[W(\omega-\omega_1)\mathrm{e}^{\mathrm{j}(-\omega\tau+\omega_1\tau+\varphi_1)} + W(\omega+\omega_1)\mathrm{e}^{-\mathrm{j}(\omega\tau+\omega_1\tau+\varphi_1)}]$$

由于一般窗函数相当于低通滤波器，只考虑 $\omega > 0$ 的情况，若忽略负频率分量的影响，则

$$X(\omega,\tau) = \pi A_1 W(\omega-\omega_1)\mathrm{e}^{\mathrm{j}(-\omega\tau+\omega_1\tau+\varphi_1)} \tag{3-19}$$

$X(\omega,\tau)$ 可认为是在时间 $[\tau-T/2, \tau+T/2)$ 范围内的信号的局部频谱。

实际计算中，需将信号和窗函数都进行离散化。设在窗宽 T 内对 $x(t)$ 均匀采样的点数为 N，则采样周期 $T_s = T/N$，STFT 的角频率间隔 $\Delta\omega = 2\pi/T$。令 $\omega = m\Delta\omega$、$\tau = kT_s$、$t = nT_s$，由式（3-17）得 STFT 的离散化形式为

$$X(m,k) = \sum_{n=-N/2}^{N/2-1} x(n+k) \cdot w(n)\mathrm{e}^{-\mathrm{j}\frac{2\pi}{N}m(n+k)} \tag{3-20}$$

根据 STFT 性质，$X(m,k)$ 是式（3-19）在时、频域分别以 $\Delta\omega$、T_s 抽样离散化的结果，即

$$X(m,k) = X(\omega,\tau)\Big|_{\substack{\omega=m\Delta\omega \\ \tau=kT_s}} \tag{3-21}$$

设时间窗宽度 T 与信号周期 T_1（$T_1 = 2\pi/\omega_1$）的关系为

$$\frac{T}{T_1} = \frac{NT_s}{T_1} = round\left(\frac{NT_s}{T_1}\right) + \left[\frac{NT_s}{T_1} - round\left(\frac{NT_s}{T_1}\right)\right] = h + \sigma \tag{3-22}$$

其中 $h = round\left(\dfrac{NT_s}{T_1}\right)$ 为最接近 $\dfrac{NT_s}{T_1}$ 的整数；$\sigma = \dfrac{NT_s}{T_1} - round\left(\dfrac{NT_s}{T_1}\right)$ 为取整

后的余数。

于是

$$\frac{\omega_1}{\Delta\omega} = \frac{2\pi f_1}{2\pi / T} = \frac{NT_s}{T_1} = h + \sigma \tag{3-23}$$

$$\omega_1 = (h + \sigma)\Delta\omega \tag{3-24}$$

当 $m = h$ 时，根据式（3-19）、式（3-21），有

$$\begin{aligned}
X(h,k) &= \pi A_1 W(\omega - \omega_1)\mathrm{e}^{\mathrm{j}(-\omega\tau + \omega_1\tau + \varphi_1)}\Big|_{\omega = h\Delta\omega, \tau = kT_s} \\
&= \pi A_1 W(h\Delta\omega - \omega_1)\mathrm{e}^{\mathrm{j}(-h\Delta\omega kT_s + \omega_1 kT_s + \varphi_1)} \\
&= \pi A_1 W(h\Delta\omega - \omega_1)\mathrm{e}^{\mathrm{j}\phi(h,k)}
\end{aligned} \tag{3-25}$$

其中 $\phi(h,k) = \arg[X(h,k)]$ 为 $X(h,k)$ 的相位角，即

$$\phi(h,k) = (-h\Delta\omega + \omega_1)kT_s + \varphi_1 \tag{3-26}$$

于是

$$\phi(h,k+1) = (-h\Delta\omega + \omega_1)(k+1)T_s + \varphi_1 \tag{3-27}$$

式（3-27）和式（3-26）相减得

$$\phi(h,k+1) - \phi(h,k) = (-h\Delta\omega + \omega_1)T_s = -\frac{2h\pi}{N} + \omega_1 T_s$$

然后有

$$\omega_1 = \frac{2h\pi}{NT_s} + \frac{\phi(h,k+1) - \phi(h,k)}{T_s} \tag{3-28}$$

信号频率为

$$\begin{aligned}
f_1 &= \frac{\omega_1}{2\pi} = \frac{h}{NT_s} + \frac{\phi(h,k+1) - \phi(h,k)}{2\pi T_s} \\
&= \frac{h}{NT_s} + \frac{\arg X(h,k+1) - \arg X(h,k)}{2\pi T_s}
\end{aligned} \tag{3-29}$$

由式(3-20)求取 $X(h,k)$，将式(3-28)代入式(3-25)，还可求得信号幅值、相位分别为

$$A_1 = \frac{|X(h,k)|}{\pi|W(\omega - \omega_1)|} \tag{3-30}$$

$$\varphi_1 = \arg X(h,k) + (h\Delta\omega - \omega_1)kT_s \tag{3-31}$$

3.1.4 窗宽的自适应优化

由于信号频率未知并且随时间变化，很难使窗宽 T 恰好为信号周期的 p 倍。不过，采用 p 阶矩形自卷积窗，只要能够使窗宽近似为信号周期的 p 倍，则尽管负频率分量和谐波泄漏到基波频率处的频谱不为 0，但其值会很小，引起的频率测量误差也很小。

对于电网，正常情况下允许频率变化范围为（50 ± 0.2）Hz；当系统容量较小时，频率偏差值可放宽到 ± 0.5Hz；即使在事故情况下，频率也不会偏离 50Hz 很大，因此选择窗宽为 p 倍工频周期 T_e（0.02s）时，测量误差不会很大。

对于发电机和电动机等旋转电气设备，其频率变化范围较大（电机继电保护要求的频率测量范围为 10～70Hz），这时，采用固定的窗宽会引起较大的测量误差。由于机械惯性的关系，电气设备的频率不能瞬变，可以根据电频率的变化，自适应地调整窗的宽度，使其与信号频率相适应，以保证算法在较大频率范围内的测量精度。

由于采样周期 T_s 一定，调整窗宽即改变采样点数 N。设当前的电频率估计值为 f_1'，考虑到加矩形自卷积窗时 N 值需为窗阶数 p 的倍数，确定下一次用于频率估计的最优采样点数为

$$N = p \cdot round\left(\frac{1}{T_s f_1'}\right) \tag{3-32}$$

也可用式（3-33）求得 N 值为

$$N = pq \cdot round\left(\frac{1}{T_s f_1' q}\right) \tag{3-33}$$

其中

$$q = round[(100 / f_1')^2]$$

当采用的微处理器运算速度较慢时，为减少测频计算量，式（3-20）中短时傅里叶系数 $e^{-j\frac{2\pi}{N}m(n+k)}$ 可以离线计算并存储，实时计算时调用。当 f_1' 在一个较大范围内变化时，式（3-32）确定的 N 会有许多个不同的值；对于每一 N 值，需存储一套系数，对存储器容量很小的微机系统（如单片机系统）会造成较大

的负担。而按式（3-33）可以大大减小 N 取不同值的数量。

3.2 基本电能质量参数测量方法研究

选择矩形自卷积窗，并合理确定窗宽，采用上述短时傅里叶算法，可以求取频率、电压、三相不平衡等基本电能质量参数。

3.2.1 算法实现步骤

应用短时傅里叶算法，实时估计电压频率、有效值及相位角测量的步骤如下：

（1）设定信号采样周期 T_s 和矩形自卷积窗阶数 p，以及信号频率估计初值 f_1'（一般情况下可取 50Hz），按式（3-32）或式（3-33）确定窗宽 N；

（2）对信号采样；

（3）令 $m = p$，按式（3-20）对采样序列进行短时傅里叶变换，求取 $X(p,k)$ 及 $X(p,k+1)$；

（4）按式（3-29）～式（3-31）计算信号基波频率 f_1、幅值 A_1 和相位角 φ_1；

（5）用最新计算的 f_1 取代 f_1'，再按式（3-32）或式（3-33）调整窗宽 N；

（6）采样得到新采样点，滑动数据窗，转步骤（3）计算下一时刻的信号频率值。如此循环往复。

下面对算法的精度、响应速度、谐波和噪声的抗干扰能力等进行仿真。

3.2.2 电压偏差估计

电压偏差定义为实际电压与系统标称电压的偏差对系统标称电压的百分数。因此，检测电压基波的有效值，即可求取电压偏差。

设电压信号为

$$u(t) = A_1 \cos(2\pi f_1 t + \pi / 6) + A_3 \cos(6\pi f_1 t - \pi) + A_7 \cos(14\pi f_1 t) \tag{3-34}$$

其中 $A_1 = \sqrt{2}$，$A_3 = 0.1\sqrt{2}$，$A_7 = 0.05\sqrt{2}$。

以固定的采样频率 $f_s = 32 f_e$（f_e 为额定频率，取 50Hz）对 $u(t)$ 采样。

仿真 1：假定信号频率 f_1 在分析的时间内不变且在 48～52Hz 间取值；先加 p 阶矩形自卷积窗，窗宽取 $N = 32p$（即当窗函数确定时，窗宽固定不变）。

采用 1～4 阶矩形自卷积窗（RSCW）的电压有效值测量误差如图 3-1（a）～

（d）所示。从图中可知，加矩形自卷积窗的 STFT 能较准确地测量电压有效值，且窗阶数愈高，测量精度也越高。信号频率为 50Hz 时，误差均为 0；在 50Hz 附近，误差很小。图 3-2 为图 3-1（b）在 50Hz 附近的局部放大图。

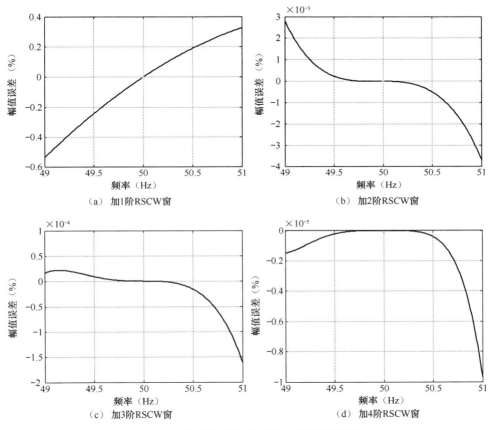

图 3-1　加矩形自卷积窗时的有效值测量误差

仿真 2：加宽 64 的 Hann 窗、宽 96 的 Blackman 窗、宽 128 的 B-H 窗，宽 128 的高斯窗，电压有效值测量误差如图 3-3（a）～（d）所示。将图 3-3（a）～（d）分别与图 3-1（a）～（d）比较，可以看出，当窗宽度相同时，加矩形自卷积窗，测量精度比加同样宽的 Hann 窗、Blackman 窗和 B-H 窗都要高，由此可见矩形自卷积窗在分析传统电能质量信号时的优越性。而加高斯窗时，误差最大，且在同步采样（信号频率为 50Hz）时，误差也不为 0；可见在 STFT 中常

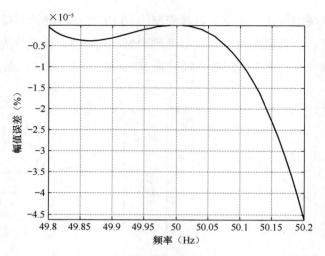

图 3-2　加 2 阶矩形自卷积窗时的有效值测量误差

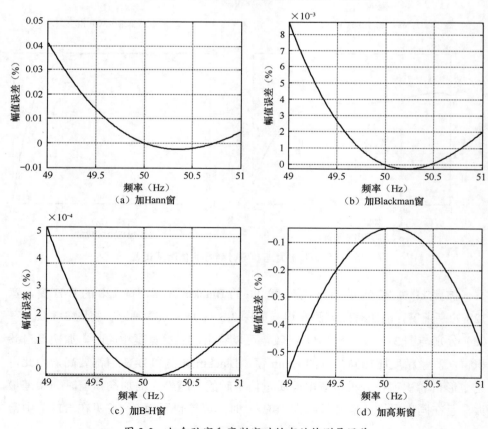

（a）加 Hann 窗

（b）加 Blackman 窗

（c）加 B-H 窗

（d）加高斯窗

图 3-3　加余弦窗和高斯窗时的有效值测量误差

使用的高斯窗，并不适合周期电气信号和电能质量参数的测量。

仿真 3：采用 STFT 算法在计算信号有效值的同时，还可求得信号的初相角。加不同窗函数时，相角测量误差如图 3-4 所示。

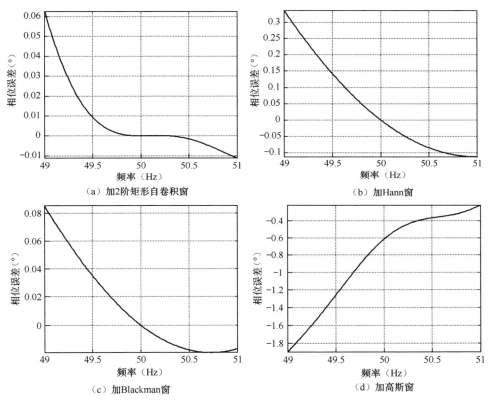

（a）加2阶矩形自卷积窗　　（b）加Hann窗

（c）加Blackman窗　　（d）加高斯窗

图 3-4　加不同窗时的相位角测量误差

图 3-1（b）和图 3-4（a）表明，加 2 阶矩形自卷积窗即可获得较好的有效值和相位角测量精度，而且只需 2 个周期，实时性较好。

仿真 4：设式（3-34）中电压频率保持不变为 49.8Hz，而基波幅值随时间变化为 $A_1 = \sqrt{2} + 0.1\sqrt{2}\sin t$。加 2 阶矩形自卷积窗，采样频率为 $f_s = 32 \times 50\text{Hz}$，窗宽为 0.04s。信号实际有效值、算法估计有效值分别如图 3-5（a）实线、虚线所示。算法估计有效值可认为是信号处于窗中心时间的有效值，因此估计值滞后实际值约 0.02s，即算法的响应时间约为 1 个工频周期。若将估计值左移 0.02s，则估计值和实际值将几乎重合。左移后估计有效值与实际有效值的差值，即不考虑算法时延的测量误差见图 3-5（b）。

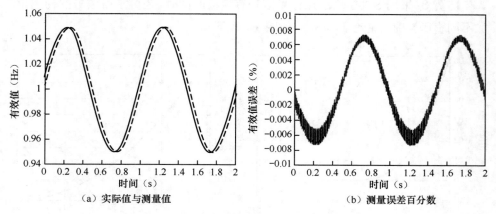

（a）实际值与测量值　　　　　　　　　（b）测量误差百分数

图 3-5　有效值变化时算法的估计值和误差

仿真 5：在式（3-34）电压信号中加入白噪声，使信噪比（signal noise ratio，SNR）为 35dB，采用 256 点 2 阶矩形自卷积窗，有效值和相角测量误差分别如图 3-6（a）、（b）所示。可见，信噪比较低时，噪声会使测量精度下降。这种情况下，可通过求平均值或采取低通滤波的方法对测量值进行处理，但会影响测量的实时性。但由于信号变化率较低，实时性一般可满足要求。

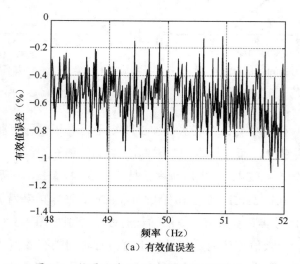

（a）有效值误差

图 3-6　信噪比为 35dB 时的测量误差（一）

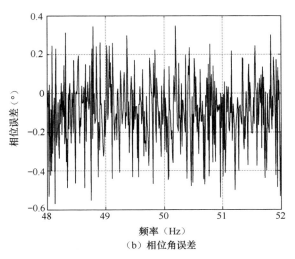

（b）相位角误差

图 3-6　信噪比为 35dB 时的测量误差（二）

3.2.3　频率偏差估计

电频率是电能质量的主要指标参数之一，也是电机等电气设备运行的主要监视参数；电频率测量是电力系统及电气设备运行与多种控制、调节的基础。电频率测量方法目前主要有硬件测量和软件测量两种。硬件测量由过零比较器、方波形成电路和计数器等构成，需要在微机测控系统中增加硬件测频电路，测频精度易受器件零点漂移、噪声、干扰及高次谐波等的影响。近年来，用电气信号交流采样值的数值运算来估计信号频率的软件测频技术得到了长足发展，国内外学者提出了多种测频算法，如周期法、解析法、误差最小化原理算法、DFT 类算法、正交去调制法等，这些算法各有特点。

电力系统正常运行时，电网频率随电力负荷变化而不断波动，变化速率较慢；电网发生事故出现有功功率不平衡时，系统频率变化速率加快，这时对电网频率及其变化速率的快速跟踪测量对事故处理和电网安全十分重要。电机等旋转电气设备在起动、运行及事故发生时的频率变化可能相当快，其快速跟踪测量是其并列控制、转速调节和事故处理的重要依据。

算法的精度、响应速度、对谐波和噪声的抗干扰能力等，是衡量频率估计算法性能的主要指标。下述仿真对这些指标进行效验。

仍设信号 $u(t) = \sqrt{2}\cos(2\pi f_1 t + \pi/6) + 0.1\sqrt{2}\cos(6\pi f_1 t - \pi) + 0.05\sqrt{2}\cos(14\pi f_1 t)$，

以固定的采样频率 $f_s = 32 f_e$（f_e=50Hz）对 $u(t)$ 采样。前面仿真表明，对周期电气信号的分析，矩形自卷积窗优于余弦窗和高斯窗，下面仿真均加 p 阶矩形自卷积窗。

仿真 6：假定信号频率 f_1 在分析的时间内不变，f_1 在 10~70Hz 间取值，按式（3-32）确定窗宽 N。采用 1~4 阶矩形自卷积窗的频率测量误差如图 3-7（a）~（d）所示。易见，信号频率稳定不变的情况下，加矩形自卷积窗的 STFT 能较准确地测量电频率，且窗阶数愈高，测频精度也愈高。信号频率为 50Hz 时，误差均为 0；在 50Hz 附近，测频误差很小。图 3-8 为图 3-7（b）在 50Hz 附近的局部放大图。

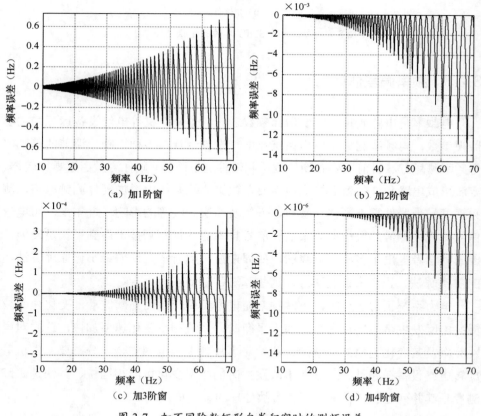

图 3-7 加不同阶数矩形自卷积窗时的测频误差

当按式（3-33）确定窗宽 N 并加 2 阶矩形自卷积窗时，测频误差如图 3-9 所示。此时在 50Hz 附近测频精度和图 3-7（b）一致，但其他频率处，特别是在低频段，误差显然增大了。不过，信号频率偏移额定值较大时，测频精度要求较低，因而还是能够满足工程需要。按式（3-33）确定 N 并离线计算 STFT 系数可减小计算量，适合于运算速度较低的微处理器实时测频。

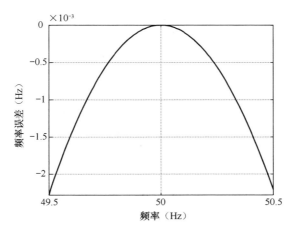

图 3-8 额定频率 50Hz 附近的测频误差

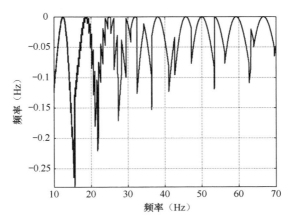

图 3-9 按式（3-33）确定 N 时的测频误差

仿真 7：设信号频率随时间变化，$f_1(t) = 50 + \cos(10\pi t)$，加 2 阶矩形自卷积窗并固定取 N=64。信号频率、算法估计频率分别如图 3-10（a）虚线、实线所示。由于算法窗宽取 2 个工频周期，因此第一个频率估计值需 0.04s 后才产生；算法估计频率可认为是信号处于窗中时间的频率，因此频率估计值滞后实际频率约 0.02s，即算法的响应时间约为 1 个工频周期。若将频率估计值左移 0.02s，则估计频率和实际频率将几乎重合。左移后估计频率与实际频率的差值，即不考虑算法时延的测频误差见图 3-10（b）。

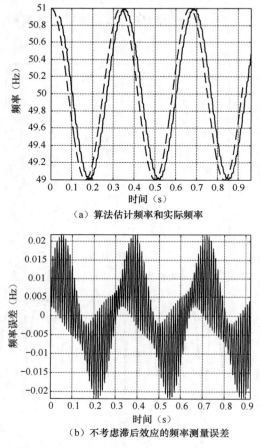

（a）算法估计频率和实际频率

（b）不考虑滞后效应的频率测量误差

图 3-10　信号频率变化时的算法估计频率和实际频率

　　仿真 8：假设信号频率 f_1 以−20Hz/s 的速率下降，然后又瞬时回升，以此考察在信号频率快速变化时算法的频率跟踪能力。由于频率变化范围大，采用式（3-33）调整窗宽。频率估计值及不考虑算法时延的测频误差分别如图 3-11（a）、（b）所示。易见，算法能较好跟踪信号频率的变化；在频率瞬时变化时误差较大，但实践中频率瞬变的情况不会发生。

　　上述仿真中，信号 $u(t)$ 含有谐波，但从测频结果来看，算法受谐波影响很小。传统电能质量问题下的频率变化范围和变化速率都比仿真 6、仿真 7 和仿真 8 中情况要小得多，因此本算法在测量精度和实时性方面，完全满足电能质量检测要求，并且算法还可用于电机等电气设备的频率实时监测。

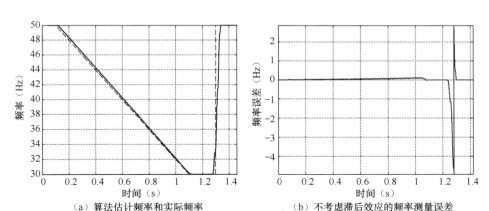

（a）算法估计频率和实际频率　　　　（b）不考虑滞后效应的频率测量误差

图 3-11　信号频率突变时的算法估计频率和实际频率

3.2.4　三相不平衡度

对称三相系统是指三相电量（电动势、电压或电流）数值相等、频率相同、相位互差 120° 的系统。不同时满足这三个条件的三相系统是不对称三相系统。

在任意时刻，三相瞬时总功率与时间无关，这样的系统称为三相平衡系统；在任意时刻，三相瞬时总功率是时间的函数，这样的系统称为不平衡的三相系统。

对称三相系统在任意时刻的瞬时总功率是常数，也就是说对称三相系统一定是平衡三相系统。在三相系统中，系统的不对称直接导致不平衡，所以不对称三相系统和不平衡三相系统在使用上不作严格区分。

三相不平衡度是三相系统不平衡的程度，它定义为电力系统在正常运行方式下，电量的负序分量均方根值与正序分量均方根值之比。电压、电流的三相不平衡度分别为

$$\varepsilon_U = \frac{U_2}{U_1} \times 100\% \tag{3-35}$$

$$\varepsilon_I = \frac{I_2}{I_1} \times 100\% \tag{3-36}$$

式中：U_1、U_2 分别为电压正序、负序分量；I_1、I_2 分别为电流正序、负序分量。

电量的正序、负序分量由对称分量法求取。对称分量法是 1918 年由 C. L.

Fortescue 在《应用于求解多相电网络的对称坐标方法》一文中首先提出的，该方法把一组不对称的 n 个相量分解为 n-1 组相序不同的对称 n 相系统，以及一组相量大小相等、角度相同的零序系统。

具体对于三相不对称的电压 U_a、U_b、U_c，可分解成

$$\begin{cases} U_a = U_{a1} + U_{a2} + U_{a0} \\ U_b = U_{b1} + U_{b2} + U_{b0} \\ U_c = U_{c1} + U_{c2} + U_{c0} \end{cases} \tag{3-37}$$

式中：U_{a1}、U_{b1}、U_{c1} 称为正序分量，其大小相等，相位依次超前 120°；U_{a2}、U_{b2}、U_{c2} 称为负序分量，其大小相等，相位依次滞后 120°；U_{a0}、U_{b0}、U_{c0} 的大小与相位均相同。

令算子 α 为

$$\alpha = e^{j2\pi/3} \tag{3-38}$$

相量组 (U_a, U_b, U_c) 与正序相量、负序相量、零序相量间的关系为

$$\begin{bmatrix} U_a \\ U_b \\ U_c \end{bmatrix} = \begin{bmatrix} 1 & 1 & 1 \\ 1 & \alpha^2 & \alpha \\ 1 & \alpha & \alpha^2 \end{bmatrix} \begin{bmatrix} U_{a0} \\ U_{a1} \\ U_{a2} \end{bmatrix} \tag{3-39}$$

而式（3-39）的逆运算关系可以写成

$$\begin{bmatrix} U_{a0} \\ U_{a1} \\ U_{a2} \end{bmatrix} = \frac{1}{3} \begin{bmatrix} 1 & 1 & 1 \\ 1 & \alpha & \alpha^2 \\ 1 & \alpha^2 & \alpha \end{bmatrix} \begin{bmatrix} U_a \\ U_b \\ U_c \end{bmatrix} \tag{3-40}$$

这里只要测出的各相电压、电流的有效值及其相位，按照对称分量法即可算出 3 个序分量，从而求出电压、电流的三相不平衡度，其精度、响应速度等决定于求取电压、电流有效值及其相位的算法，在此不再讨论。

3.2.5 相角差及功率因数

功率因数定义为电压、电流基波相角差的余弦。电压、电流基波的相角差可以通过采用前述方法先获得电压、电流各自的相位角，然后求功率因数角。但如果在仅需求相角差和功率因数角的场合下，则可对上述算法进行改进以减小计算量。改进算法的推导、实现如下。

设待测相位差的两个同频率周期信号分别为

$$x(t) = A\cos(\omega_1 t + \alpha) \tag{3-41}$$

$$y(t) = B\cos(\omega_1 t + \beta) \tag{3-42}$$

式中：ω_1 为信号角频率；A、α 及 B、β 分别为 $x(t)$ 及 $y(t)$ 的幅值、初相位。两信号相位差为 $\theta = \alpha - \beta$。

对信号 $x(t)$、$y(t)$ 的采样值加矩形自卷积窗或余弦窗。设时间窗宽约为工频周期的 h 倍。由式（3-31），α、β 的值分别为

$$\alpha = \arg X(h,k) + (h\Delta\omega - \omega_1)kT_s \tag{3-43}$$

$$\beta = \arg Y(h,k) + (h\Delta\omega - \omega_1)kT_s \tag{3-44}$$

其中，$X(h,k)$、$Y(h,k)$ 由式（3-20）求得。

由式（3-43）与式（3-44）相减，得到相位差 θ 为

$$\theta = \alpha - \beta = \arg(X(h,k)) - \arg(Y(h,k)) \tag{3-45}$$

设 $X(h,k)$ 的实部和虚部分别为 X_{Re} 和 X_{Im}，$Y(h,k)$ 的实部和虚部分别为 Y_{Re} 和 Y_{Im}，则

$$\tan[\arg(X(h,k))] = \frac{X_{\mathrm{Im}}}{X_{\mathrm{Re}}} \tag{3-46}$$

$$\tan[\arg(Y(h,k))] = \frac{Y_{\mathrm{Im}}}{Y_{\mathrm{Re}}} \tag{3-47}$$

由式（3-45）得

$$
\begin{aligned}
\tan\theta &= \tan[\arg(X(h,k)) - \arg(Y(h,k))] \\
&= \frac{\tan[\arg(X(h,k))] - \tan[\arg(Y(h,k))]}{1 + \tan[\arg(X(h,k))]\tan[\arg(Y(h,k))]} \\
&= \frac{X_{\mathrm{Im}}Y_{\mathrm{Re}} - X_{\mathrm{Re}}Y_{\mathrm{Im}}}{X_{\mathrm{Re}}Y_{\mathrm{Re}} + X_{\mathrm{Im}}Y_{\mathrm{Im}}}
\end{aligned} \tag{3-48}
$$

所以，相角差为

$$\theta = \tan^{-1}\left(\frac{X_{\mathrm{Im}}Y_{\mathrm{Re}} - X_{\mathrm{Re}}Y_{\mathrm{Im}}}{X_{\mathrm{Re}}Y_{\mathrm{Re}} + X_{\mathrm{Im}}Y_{\mathrm{Im}}}\right) \tag{3-49}$$

由式（3-49）计算相位差，不需要测量信号频率，不需要对信号实行整周期采样，不需要知道所加窗函数的频谱函数，微机实现简单。同时，测量两周期信号中某一频率分量的相位差，只需对两信号各做一次 DFT，计算量较小。

3.3 本章小结

基于短时傅里叶变换，提出了基本电能质量参数的估计算法。该算法具有以下特点：

（1）采样周期固定，采样频率不需随信号频率的变化而调整，实现简单；算法不需要迭代运算，可一次得到信号频率、有效值、相位角的估计值，响应时间快。

（2）窗函数类型及窗函数宽度的确定是影响短时傅里叶分析性能的关键。本章基于电气信号的特点，采用矩形自卷积窗，并自适应地采用与信号频率相适应的时间窗宽度，从而有效抑制了短时傅里叶变换的频谱泄漏效应，显著减小了谐波对基波参数测量的影响，保证了算法的测量精度和响应速度。

（3）基于该算法，可以估计频率偏差、电压偏差、三相不平衡度、功率因数等所有基本电能质量参数，仿真研究验证了算法的可行性和有效性。

第 4 章

低压台区谐波、间谐波及闪变的检测算法研究

随着大容量非线性、波动性电气设备的增加，台区中电压、电流波形受到谐波、闪变的污染，谐波与闪变问题引起了人们的高度关注。

从广义上讲，区别于工频的其他频谱的电压、电流分量均属于谐波现象。在电气工程领域，根据 IEC 相关标准及我国国家标准，通常所说的谐波（harmonics）定义为工频整数倍的频谱分量，介于各次谐波之间的分量，即频率为工频非整数倍的分量称为间谐波（inter-harmonics）或分数次谐波（fractional harmonics）。此外，一般还将低于工频的间谐波称为次谐波（sub-harmonics）。

在电力系统中产生谐波的主要谐波源有两种：一种是含有半导体等非线性电气元件的用电设备，如工业中各种整流电气装置、大容量变频器、大型交直流变换装置以及其他的电力、电子装置；另一种是含有电弧和铁磁材料等的非线性材料的用电设备，比如电弧炉、变压器等电气设备。

谐波、间谐波使电能的生产、传输和利用的效率降低，使电气设备过热、产生振动和噪声，并使绝缘老化，使用寿命缩短，甚至发生故障或烧毁；谐波可引起电力系统局部并联谐振或串联谐振，使谐波含量放大，造成电容器等设备烧毁；谐波还会引起继电保护和自动装置误动作，使电能计量出现混乱；对于电力系统外部，谐波对通信设备和电子设备会产生严重干扰。

对于电弧炉、轧钢机、电焊机、电气化铁路等负荷，其功率在运行过程中快速变化，引起公共连接点电压波动，从而导致闪变。广义的闪变指电压波动的全部有害作用，如造成灯光照度不稳定，电机转速不均匀，电子设备和自动装置不能正常工作等。狭义的闪变仅指电光源的电压波动造成灯光照度不稳定的人眼视感反应。在实际应用中，常用灯光闪烁的严重程度来评估电压波动对电气设备的危害程度。

谐波、间谐波和闪变之间存在某种联系。从起源来看，谐波、间谐波和闪变这些现象都由非线性负荷的用电特性引起。功率稳定的非线性负荷一般只引起谐波问题，并不产生闪变现象；波动性非线性负荷能够同时引起谐波、间谐波和闪变。由于许多负荷既是非线性的又是功率波动性的，因此谐波、间谐波和闪变现象经常同时出现。从信号频谱的角度来看，电压波动信号中会含有非

基波的频率成分，而当间谐波频率接近基波频率时会产生闪变。

尽管谐波、间谐波和闪变关系密切，但目前谐波和间谐波检测方法与闪变检测的方法却几乎完全不同。

本章提出了一种新的谐波、间谐波检测算法，并在此基础上，通过对谐波、间谐波和闪变关系的研究，将间谐波检测和闪变检测结合起来，提出了一种基于间谐波估计的闪变参数检测新算法，为闪变检测提供了一种新的实现模式。

4.1　谐波检测

4.1.1　谐波实时检测方法

设电压为

$$u = \sum_h u_h = \sum_h \sqrt{2} U_h \cos(h\omega t + \varphi_h) \tag{4-1}$$

式中：ω 为信号基波角频率；h 为谐波次数；u_h 为 h 次谐波电压瞬时值，若 h 为整数，对应整数次谐波，若 h 不为整数，对应间谐波；U_h、φ_h 分别为 h 次谐波的有效值和初相位。

令 $u_1 = u \cos g\omega t$、$u_2 = u \sin g\omega t$，则

$$\begin{aligned} u_1 &= \sqrt{2} \sum_h U_h [\cos(h\omega t + \varphi_h) \cos g\omega t] \\ &= \frac{\sqrt{2}}{2} \sum_h U_h \{\cos[(h-g)\omega t + \varphi_h] + \cos[(h+g)\omega t + \varphi_h]\} \end{aligned} \tag{4-2}$$

$$\begin{aligned} u_2 &= \sqrt{2} \sum_h U_h [\cos(h\omega t + \varphi_h) \sin g\omega t] \\ &= -\frac{\sqrt{2}}{2} \sum_h U_h \{\sin[(h-g)\omega t + \varphi_h] - \sin[(h+g)\omega t + \varphi_h]\} \end{aligned} \tag{4-3}$$

若 $h = g$，则

$$\begin{aligned} u_1 &= \frac{\sqrt{2}}{2} U_g \cos(\varphi_g) + \frac{\sqrt{2}}{2} U_g \cos(2g\omega t + \varphi_h) \\ &\quad + \frac{\sqrt{2}}{2} \sum_{h \neq g} U_h \{\cos[(h-g)\omega t + \varphi_h] + \cos[(h+g)\omega t + \varphi_h]\} \\ &= \bar{u}_1 + \tilde{u}_1 \end{aligned} \tag{4-4}$$

$$u_2 = -\frac{\sqrt{2}}{2}U_g \sin\varphi_g + \frac{\sqrt{2}}{2}U_g \sin(2g\omega t + \varphi_h)$$

$$-\frac{\sqrt{2}}{2}\sum_h U_h\{\sin[(h-g)\omega t + \varphi_h] - \sin[(h+g)\omega t + \varphi_h]\} \qquad (4\text{-}5)$$

$$= \overline{u}_2 + \tilde{u}_2$$

式（4-4）、式（4-5）中：$\overline{u}_1$、$\tilde{u}_1$ 分别为 u_1 的直流分量和交流分量；$\overline{u}_2$、$\tilde{u}_2$ 分别为 u_2 的直流分量和交流分量。

将式（4-4）、式（4-5）中的 u_1、u_2 低通滤波，就可以得到它们的直流分量分别为

$$\overline{u}_1 = \frac{\sqrt{2}}{2}U_g \cos\varphi_g \qquad (4\text{-}6)$$

$$\overline{u}_2 = -\frac{\sqrt{2}}{2}U_g \sin\varphi_g \qquad (4\text{-}7)$$

由式（4-6）和式（4-7）可得第 g 次谐波的有效值和初相位分别为

$$U_g = \sqrt{2\overline{u}_1^2 + 2\overline{u}_2^2} \qquad (4\text{-}8)$$

$$\varphi_g = -\arctan\left(\frac{\overline{u}_2}{\overline{u}_1}\right) \qquad (4\text{-}9)$$

于是

$$u_g = \sqrt{2}U_g \cos(g\omega t + \varphi_g)$$

$$= \sqrt{2}U_g \cos g\omega t \cos\varphi_g - \sqrt{2}U_g \sin g\omega t \sin\varphi_g \qquad (4\text{-}10)$$

将式（4-6）和式（4-7）带入式（4-10）可得

$$u_g = 2\overline{u}_1 \cos g\omega t + 2\overline{u}_2 \sin g\omega t \qquad (4\text{-}11)$$

由式（4-8）和式（4-9）可实现 g 次谐波的参数估计；而由式（4-11）可根据估计参数实现对 g 次谐波的重构。

在可能包含谐波和间谐波，且谐波、间谐波特征参数随时间不断变化的情况下，可采用如下算法测量各次谐波。

$\cos\omega t$、$\sin\omega t$ 由锁相环 PLL 得到。锁相环可由模拟方式实现，也可由数字方式实现，已有较多文献对此进行研究，在此不详加讨论。

当 g 为整数时，$\cos g\omega t$ 和 $\sin g\omega t$ 由 $\cos\omega t$、$\sin\omega t$ 通过三角函数公式递推计算。递推公式为

$$\cos g\omega t = \cos[(g-1)\omega t]\cos\omega t - \sin[(g-1)\omega t]\sin\omega t \qquad (4\text{-}12)$$

$$\sin g\omega t = \sin[(g-1)\omega t]\cos\omega t + \cos[(g-1)\omega t]\sin\omega t \qquad (4\text{-}13)$$

g 不为整数时，$\cos g\omega t$ 和 $\sin g\omega t$ 的值不容易得到，因此此方法只适合于估计整数次谐波的参数。对于具体某次间谐波参数的估计，将在 4.2 节中进一步讨论。

4.1.2　低通滤波器的选择

u_1、u_2 通过低通滤波后得到它们的直流分量，而低通滤波器的截止频率和通带平坦性对检测精度的影响很大，因此，低通滤波器的选择至关重要。常规低通滤波器可分为两种，即有限冲击滤波器（finite impulse filter，FIR）和无限冲击滤波器（infinite impulse filter，IIR）。FIR 有恒定的群延时，但通带的带宽大，在阻带内存在旁瓣波动，虽然可以提高阶数以提高截止频率特性，但是阶数过高，难以实现。IIR 可以不需要很高的阶数就可以得到很好的截止频率特性，所以一般选用 IIR。

常用的 IIR 有巴特沃斯（Butterworth）滤波器、切比雪夫（Chebyshev）滤波器、椭圆（ellipse）滤波器和贝塞尔（Bessel）滤波器等。从截止频率和通带的平坦性看，切比雪夫滤波器的截止频率不错，但通带内有等波纹。椭圆滤波器也一样；贝赛尔滤波器的通带平坦，但截止频率很差。相比较而言，同时考虑截止频率和通带平坦性，巴特沃斯滤波器可以得到比较合适的效果，所以一般选用巴特沃斯滤波器。本章低通滤波器均采用巴特沃斯滤波器。

4.1.3　算法仿真分析

仿真 1　设电压 $u = \sqrt{2}\sum_h U_h\cos(h\omega_1 t + \varphi_h)$，其中 $\omega_1 = 2\pi f_1 = 100\pi\ \text{rad/s}$，基波频率 f_1 为 50Hz。基波、各整数次谐波和各间谐波的有效值和初相位设置见表 4-1，相应的电压信号波形如图 4-1 所示。

表 4-1　　　　　　　　　　　　　电压信号谐波参数

谐波次数 h	0.12	0.33	1	2	3	5	6.3	7	11	17
U_h（V）	0.05	0.05	1	0.5	0.3	0.2	0.3	0.07	0.05	0.03
φ_h	45°	−60°	0°	−30°	44°	20°	120°	180°	−20°	70°

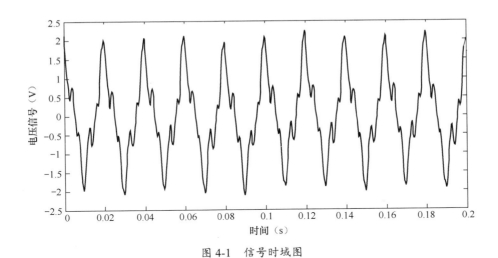

图 4-1　信号时域图

取 10 个基波周期的电压采样值做快速傅里叶变换（fast fourier transform，FFT），得到信号频谱分布如图 4-2 所示。图 4-2 中，各峰值对应的频谱值见表 4-2。

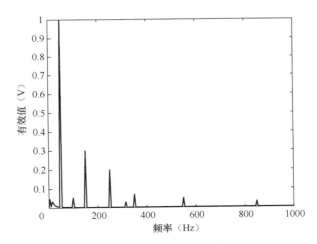

图 4-2　电压信号频谱图

表 4-2　　　　　　　　　　　　　电压信号的 FFT 幅值谱

谐波次数	0.12	0.33	1	2	3	5	6.31	7	11	17
频率检测值（Hz）	5	15	50	100	150	250	316	350	550	850
有效值理论值（V）	0.05	0.05	1	0.05	0.3	0.2	0.03	0.07	0.05	0.03
有效值检测值（V）	0.0455	0.0336	1.0001	0.0513	0.2991	0.1999	0.0293	0.0698	0.0503	0.0299
有效值相对误差	−9.0%	−32.8%	0.01%	2.6%	−0.3%	−0.01%	−2.3%	−0.3%	−0.6%	−0.3%

由于傅里叶变换的频谱分辨率限制和频谱泄漏误差的存在，电压信号的FFT 频谱与信号实际频谱不完全一致，出现一定的误差。其中，间谐波的频谱误差比较大，整数次谐波的频谱误差较小。不过，表 4-2 中结果是在同步采样条件下得到的，也没有考虑噪声的影响。在采样不同步（即采样时间窗长度不为信号周期整数倍）和存在噪声时，FFT 频谱估计误差可能会比表 4-2 中误差大得多。

仿真 2 对电压信号以 3200Hz 的采样频率（即每周波采样 64 点）进行采样，采用 4.1 节算法，得到的基波及 2、3、7 次谐波的有效值误差随时间变化的情况如图 4-3 所示。算法中，低通滤波器为 3 阶巴特沃斯滤波器。在经过约 0.2～0.3s 后，有效值估计值趋于稳定；0.3s 后各整数次谐波有效值最大测量误差见表 4-3。

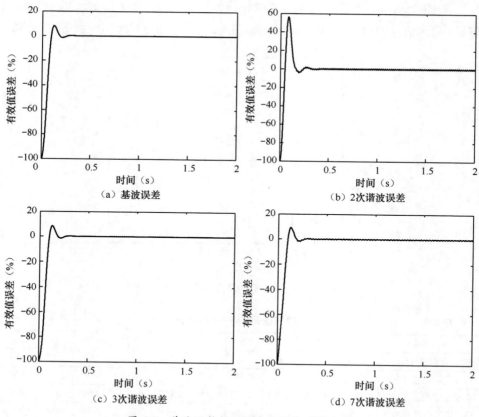

图 4-3 基波及整数次谐波有效值测量误差

表 4-3　　　　　　　　　　　整数次谐波有效值最大测量误差

谐波次数 h	1	2	3	5	7	11	17
误差（%）	0.08	0.6	0.1	0.08	0.5	0.02	0.01

根据电压基波估计参数，用式（4-11）重构基波，并与原信号中基波比较，得到电压基波重构误差如图 4-4 所示。

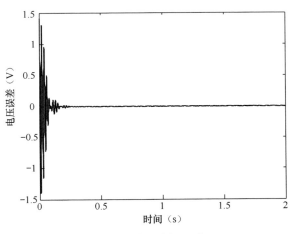

图 4-4　基波重构误差

仿真 3　当基波有效值在 1s 时刻突然降低到原来的 80%时，基波有效值的算法估计误差随时间变化的情况如图 4-5 所示。可见，在有效值突变后，算法在 0.2s 内能实现对电压参数的准确估计，动态性能较好。

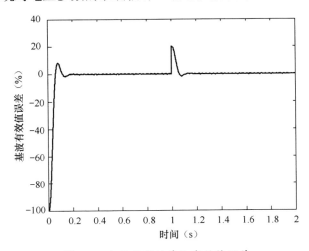

图 4-5　电压突变时基波有效值误差

· 4.2 间谐波的检测算法 ·

4.2.1 算法原理及实现

电力信号中，基波及整数次谐波占主要部分，间谐波的含有率一般很小，因此，在先估计出基波及整数次谐波的参数后，通过式（4-11）重构基波和各整数次谐波，再将它们从原信号［见式（4-1）］中减去，剩下的即为各次间谐波，这样处理可减小基波和整数次谐波对间谐波检测的影响，显著提高后述间谐波参数估计的精度。

由于间谐波频率不为基波频率整数倍，其对应的频率及其正弦、余弦函数不能通过锁相环和式（4-12）、式（4-13）获得，但可通过搜索的方法先求取间谐波的角频率 $g\omega$，再得到其正弦、余弦函数。

考察 4.1 节 g 次谐波有效值的求取，即式（4-8）的推导过程，对于离散频谱电力信号，如果低通滤波器的截止频率 ω_c 足够小，且在阻带内增益理想为 0，则当 g 与实际谐波次数 h 不相等时，u_1、u_2 低通滤波后得到的直流分量 $\bar{u}_1$、$\bar{u}_2$ 均为 0，g 次谐波有效值亦为 0。

实际低通滤波器截止频率 ω_c 不能任意小，且在通带内对非零频率信号会有一定的衰减，在阻带内增益不为 0。于是，当 $\omega_1|g-h| > \omega_c$ 时，用式（4-8）求得的 g 次谐波有效值的估计值很小但不会为 0。当 $\omega_1|g-h| \leq \omega_c$ 时，g 次谐波有效值的估计值可能取一个较大的值，但由于实际低通滤波器在通带内会有衰减，其值会小于 $g=h$ 时的有效值估计值；换句话说，有效值估计值在 $g=h$ 处取极大值。

因此，通过搜索有效值极大值对应角频率的方法，可以在去除基波和整数次谐波的信号中，得到各间谐波的次数和频率，并相应得到其有效值和初相位。

为减小搜索计算量，可先求信号的 FFT 频谱，粗略确定间谐波频率的大致位置，然后在 FFT 频谱极大值的附近搜索。

4.2.2 算法仿真分析

仿真 4 先根据 4.1 节估计的信号基波和整数次谐波参数，去除基波和谐波，得到只含间谐波的信号波形如图 4-6 所示。其中图 4-6（b）是图 4-6（a）在算法估计结果稳定后的局部放大图。

将图 4-6（a）估计的总间谐波与实际总间谐波相比较，得到总间谐波的估计误差随时间变化的曲线如图 4-7 所示；经过约 0.2s 后，算法估计值稳定，误差可忽略不计。

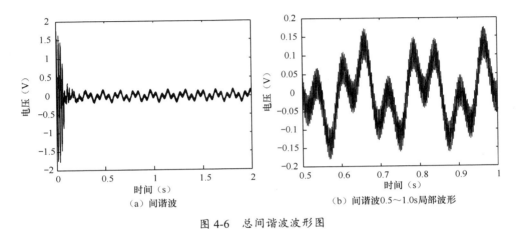

图 4-6　总间谐波波形图

设 g 从 0 开始增大，按 4.1 节方法求电压有效值，得到电压有效值随 g 变化的情况如图 4-8 所示；在各间谐波对应次数处，有效值取极大值。

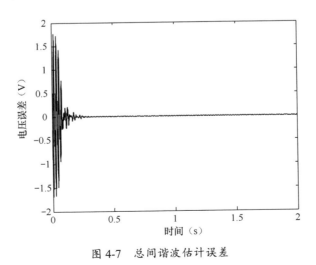

图 4-7　总间谐波估计误差

在时间 $t > 0.2s$，算法估计稳定后，对去除整数次谐波后的信号采样 10 个工频周期，并对采样值进行 FFT 变换，得到信号的 FFT 频谱如图 4-9 所示，从而得到间谐波频率的大概位置。

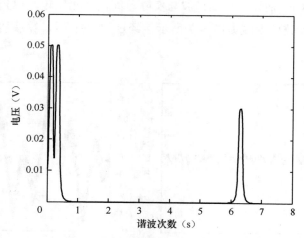

图 4-8 有效值随谐波次数变化情况

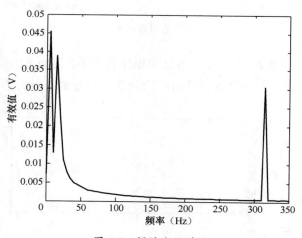

图 4-9 间谐波频谱图

然后，用 4.1 节方法搜索并求其间谐波参数，得到其频率、有效值见表 4-4。

表 4-4 间谐波估计参数

间谐波次数	0.12	0.33	6.31
频率检测值（Hz）	6.0	16.5	316
有效值检测值（V）	0.050076	0.050076	0.030009

• 4.3 闪变的检测 •

4.3.1 电压波动与闪变

电压波动和闪变是电能质量的重要指标之一。它主要反映在稳态运行的工况下，波动性负荷引起供电系统的电压波动，该电压波动可能危害电气设备并引起照明闪变。

电压波动为电压均方根值一系列相对快速变动或连续改变的现象。电压波动波形为以电压均方根值或峰值电压的包络线作为时间函数的波形。在分析时将工频电压看作载波，而将波动电压看作调幅波。

当电压有效值变化速度与额定电压相比的变化率不低于每秒 0.2%时，定义电压调幅波（电压幅值包络线的波形）中，相邻两个极值电压均方根值之差 ΔU 为电压波动值，常以其额定电压（标称电压）U_N 的百分数来表示，即

$$d(\%) = \frac{\Delta U}{U_N} \times 100\% = \frac{U_{\max} - U_{\min}}{U_N} \times 100\% \quad (4\text{-}14)$$

式中：$U_{\max}$ 和 $U_{\min}$ 是调幅波中相邻的最大和最小两个极值电压有效值；U_N 是供电线路的额定电压。电压波动的幅值范围通常为额定值的 90%～110%。

用传统的求均方根值的方法即可估计电压波动值，实现非常简单，故本章不予讨论。

电压波动通常会引起许多电工设备不能正常工作，如影响电视画面质量、使电动机转速脉动、使电子仪器工作失常、使白炽灯光发生闪烁等。由于一般用电设备对电压波动的敏感度远低于白炽灯，为此，选择人对白炽灯照度波动的主观视感，即"闪变"，作为衡量电压波动危害程度的评价指标。

影响闪变的因素主要是供电电压波动的幅值、频度和波形；白炽灯的瓦数和额定电压；人对闪变的主观视感等。周期性或近于周期性的电压波动对照度的波动的影响最大，作用最为明显的是 8.8Hz 调幅波的正弦波动电压。

4.3.2 IEC 闪变测量方法

1986 年，国际电工委员会（International Electrotechnical Commission，IEC）

依据 1982 年国际电热协会的推荐，给出了闪变仪的功能和检测电压闪变的设计规范，其框图如图 4-10 所示。在 GB/T 12326—2008《电能质量 电压波动和闪变》中，对闪变的检测采纳了 IEC 推荐的技术规范。

图 4-10　IEC 推荐的闪变仪原理框图

图 4-10 中，框 1 为输入级，实现把不同等级的电源电压降到适合于仪器内部电路的电压值，此外也应能产生标准的调幅波电压作仪器的自检信号。框 2、框 3、框 4 综合模拟了灯—眼—脑环节对电压波动的反应。框 2 模拟灯的作用，反应灯光强度与电压的关系，用平方检测方法可从工频电压波动中解调出电压波动的调幅波，它实际上给出了与调幅波幅值成线性关系的电压。框 3 模拟人眼的频率选择特性，由带通滤波器和加权滤波器构成，其带通滤波器和视感度加权滤波器反映了人眼对不同频率的电压波动的敏感程度，国际电热协会推荐了其传递函数。0.05Hz 高通滤波器的传递函数为

$$HP(s) = \frac{s / \omega_c}{1 + s / \omega_c}, \quad \omega_c = 2\pi 0.05 s^{-1} \tag{4-15}$$

六阶巴特沃斯 35Hz 低通滤波器的传递函数为

$$BW(s) = \left[1 + b_1 \left(\frac{s}{\omega_c} \right) + b_2 \left(\frac{s}{\omega_c} \right)^2 + b_3 \left(\frac{s}{\omega_c} \right)^3 + b_4 \left(\frac{s}{\omega_c} \right)^4 + b_5 \left(\frac{s}{\omega_c} \right)^5 + b_6 \left(\frac{s}{\omega_c} \right)^6 \right]^{-1} \tag{4-16}$$

其中 $\omega_c = 2\pi 35 s^{-1}$，$b_1 = 3.864$，$b_2 = 7.464$，$b_3 = 9.141$，$b_4 = 7.464$，$b_5 = 3.864$，$b_6 = 1$。

视感度加权滤波器的传递函数为

$$K(s) = \frac{K \omega_1 s}{s^2 + 2\lambda s + \omega_1^2} \times \frac{1 + s / \omega_2}{(1 + s / \omega_3)(1 + s / \omega_4)} \tag{4-17}$$

其中 $K = 1.74902$，$\lambda = 2\pi \times 4.05981$，$\omega_1 = 2\pi \times 9.15494$，$\omega_2 = 2\pi \times 2.27979$，$\omega_3 = 2\pi \times 1.22535$，$\omega_4 = 2\pi \times 21.9$。

框 4 模拟人脑神经对视觉的非线性和记忆效应，由平方和积分滤波两个环节组成。其中，平方器模拟了人眼—脑觉察过程的非线性，而具有积分功能的

一阶低通滤波器起着平滑平均作用，模拟人脑的存储记忆效应。一阶低通滤波器的传递函数为

$$LP(s) = \frac{1}{1 + s\tau} \tag{4-18}$$

其中 $\tau = 300ms$。

框 4 的输出 $S(t)$ 为人的视觉对电压波动的瞬时闪变视感度。

框 5 为闪变的统计分析。IEC 建议对于电弧炉等运行周期时间较长的一类波动性负荷，一般用短时间闪变值 P_{st} 和长时间闪变值 P_{lt} 两个指标作为判断闪变的标准，其中 P_{st} 统计时间取 10min，而 P_{lt} 统计时间取 2h。

在观察期内（至少 10min），对瞬时闪变视感度 $S(t)$ 进行等间隔采样，采样频率不小于 50Hz，并做等差分级（实际的分级不应小于 64 级）处理，计算各级视感度值所占时间长度，获得累积概率函数（cumulation probability function，CPF）；根据 CPF 做出闪变程度的统计评定，即可计算出短时间闪变值 P_{st} 为

$$P_{st} = \sqrt{0.0314P_{0.1} + 0.0525P_1 + 0.0657P_3 + 0.28P_{10} + 0.08P_{50}} \tag{4-19}$$

式中：$P_{0.1}$、P_1、P_3、P_{10} 和 P_{50} 是 5 个规定值，分别为在此时间段内瞬时视感度 $S(t)$ 超过 0.1%、1%、3%、10% 和 50% 时间的觉察单位值。

这样，在 2h 内，可求得短时间闪变值 P_{stk}（$k = 1,2,\cdots,12$），那么按照国际电热协会推荐计算公式，可计算出长时间闪变值 P_{lt} 为

$$P_{lt} = \sqrt[3]{\frac{1}{12}\sum_{k=1}^{12}P_{stk}^3} \tag{4-20}$$

闪变测量原理框图中，框 1～框 4 是对模拟信号进行处理，框 5 为数字式统计处理。实际上在具体实现时，既可以采用这种模拟与数字混合的测量方法，也可以采用全数字方式。

4.3.3　间谐波与电压波动、闪变的关系

通常将波动电压看成以稳定的工频额定电压为载波、其电压均方根值或幅值受频率范围在 0.05～35Hz 的电压波动分量调制的调幅波；对于任何波形的调幅波均可看作是由包含单个或多个频率分量的合成，电压的瞬时值 $u(t)$ 可表示为

$$u(t) = U_1\left[1 + \sum_{i=1}^{n}\frac{U_i}{U_1}\cos(2\pi f_i t + \varphi_i)\right]\cos(2\pi f_1 t + \varphi_1)$$

$$= U_1 \left[1 + \sum_{i=1}^{n} m_i \cos(2\pi f_i t + \varphi_i) \right] \cos(2\pi f_1 t + \varphi_1) \qquad (4\text{-}21)$$

$$m_i = \frac{U_i}{U_1} = \frac{调幅波电压幅值}{载波电压幅值}$$

式中：U_1、f_1 和 φ_1 分别为电网基波电压的平均幅值、频率和初相位；U_i、f_i、φ_i 分别为调幅波 i 的幅值、频率、初相位；m_i 为调幅波 i 的调制系数，一般 $m_i \ll 1$。

由式（4-21）得

$$u(t) = U_1 \cos(2\pi f_1 t + \varphi_1) + U_1 \sum_{i=1}^{n} m_i \cos(2\pi f_i t + \varphi_i) \cos(2\pi f_1 t + \varphi_1)$$

$$= U_1 \cos(2\pi f_1 t + \varphi_1) +$$

$$\sum_{i=1}^{n} \frac{U_1 m_i}{2} \cos[2\pi(f_1 + f_i)t + \varphi_1 + \varphi_i] + \sum_{i=1}^{n} \frac{U_1 m_i}{2} \cos[2\pi(f_1 - f_i)t + \varphi_1 - \varphi_i]$$

$$(4\text{-}22)$$

从式（4-22）看出，若调幅波的频率为 f_i，则电压信号中一定含有 $f_1 + f_i$ 和 $f_1 - f_i$ 的间谐波。

再考虑电压信号中含有间谐波的情况。当一个电压信号中包含间谐波时，由于间谐波频率成分和基频成分的周期往往并不是同步的，电压的均方根值和峰值发生波动，导致闪变。图 4-11 为含有 48Hz 间谐波的电压信号波形，从中可明显看到电压幅值的波动。

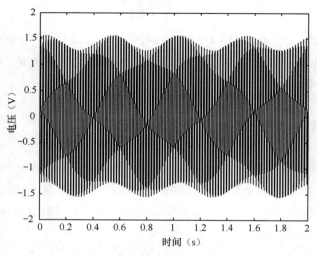

图 4-11　含 48Hz 间谐波的电压信号波形

4.3.4　间谐波与电压波动调幅波对于闪变的等值关系

对于式（4-21）的调制波电压，只考虑含单个调幅波，且设基波和调幅波初相位均为 0（相位对闪变的影响很小），信号简化为

$$u(t) = U_1[1 + m_i \cos(2\pi f_i t)]\cos(2\pi f_1 t) \tag{4-23}$$

根据 IEC 推荐的电压波动同步检测法，将其自乘求平方，得到

$$
\begin{aligned}
u^2(t) &= U_1^2[1 + 2m_i \cos(2\pi f_i t) + m_i^2 \cos^2(2\pi f_i t)]\cos^2(2\pi f_1 t) \\
&= \frac{U_1^2}{2}\left(1 + \frac{m_i^2}{2}\right) + U_1^2 m_i \cos(2\pi f_i t) + \frac{U_1^2}{2}\left(1 + \frac{m_i^2}{2}\right)\cos(4\pi f_1 t) \\
&\quad - \frac{U_1^2 m_i^2}{4}\cos(4\pi f_i t) + \frac{U_1^2 m_i^2}{8}\cos[4\pi(f_1 + f)_i t] + \frac{U_1^2 m_i^2}{8}\cos[4\pi(f - f)_i t] \\
&\quad + \frac{U_1^2 m_i}{2}\cos[2\pi(2f_1 + f_i)t] + \frac{U_1^2}{2}\cos[2\pi(2f_1 - f_i)t]
\end{aligned}
\tag{4-24}
$$

式（4-24）中除包含直流分量外、还含有以下频率成分：f_i、$2f_1$、$2f_i$、$2(f_1 + f_i)$、$2(f_1 - f_i)$、$2f_1 + f_i$、$2f_1 - f_i$。

利用 0.05～35Hz 的带通滤波器滤除其中的直流分量和工频及以上频率的分量，并且考虑到 $m_i \ll 1$，存在的调幅波电压的倍频分量幅值远小于调幅波的幅值，可忽略不计。因此，滤波后便可实现解调，获得近似加权的调幅波电压，即

$$v_i(t) \approx U_1^2 m_i \cos(2\pi f_i t) \tag{4-25}$$

再分析含间谐波的电压信号。为使分析简化且不失一般性，也设电压信号中除基波外仅含有单个间谐波，且基波和间谐波初相位均为 0，即

$$u(t) = U_1 \sin(2\pi f_1 t_1) + U_i \sin(2\pi f_i t) = U_1[\sin(2\pi f_1 t) + m_i \sin(2\pi f_i t)] \tag{4-26}$$

$$m_i = \frac{U_1}{U_i}$$

式中：U_1、f_1 分别为基波电压的幅值、频率；U_i、f_i 分别为间谐波 i 的幅值、频率。m_i 为间谐波 i 幅值与基波幅值的比值，称为间谐波 i 的含有率。

根据 IEC 同步检测方法，将电压［见式（4-26）］自乘求平方，得到

$$u^2(t) = U_1^2 \sin^2(2\pi f_1 t) + U_1^2 m_i^2 \sin^2(2\pi f_i t) + 2U_1^2 m_i \sin(2\pi f_1 t)\sin(2\pi f_i t)$$

$$= \frac{1}{2}U_1^2 - \frac{1}{2}U_1^2 \cos(4\pi f_1 t) + \frac{1}{2}U_1^2 m_i^2 - \frac{1}{2}U_1^2 m_i^2 \cos(4\pi f_i t)$$

$$+ U_1^2 m_i \cos[2\pi(f - f_i)t] - U_1^2 m_i \cos[2\pi(f + f_i)t] \qquad (4\text{-}27)$$

$$= \frac{1}{2}U_1^2(1 + m_i^2) - \frac{1}{2}U_1^2 \cos(4\pi f_1 t) - \frac{1}{2}U_1^2 m_i^2 \cos(4\pi f_i t)$$

$$+ U_1^2 m_i \cos[2\pi(f_1 - f_i)t] - U_1^2 m_i \cos[2\pi(f_1 + f_i)t]$$

式（4-27）中除包含直流分量外，还含有以下频率成分：$2f_1$、$2f_i$、$|f_1 - f_i|$、$f_1 + f_i$。

利用 0.05～35Hz 的带通滤波器可滤除其中的直流分量、2 次谐波分量（$2f_1$）和高于工频的 $f_1 + f_i$ 分量，只剩下 $2f_i$ 和 $|f_1 - f_i|$ 频率成分。由于工程实际中，间谐波的幅值远小于基波幅值，$m_i \ll 1$，$2f_i$ 频率分量很小（幅值为 $U_1^2 m_i^2 / 2$），可忽略不计。因此，只剩下 $|f_1 - f_i|$ 频率分量。

如果 $0.05 < |f_1 - f_i| < 35$，即间谐波的频率 f_i 在 15～49.95Hz 或 50.05～85Hz 范围内，则间谐波会引起闪变；滤波后实现解调，获得近似加权的调幅波信号为

$$v_i'(t) \approx U_1^2 m_i \cos[2\pi(f_1 - f_i)t] \qquad (4\text{-}28)$$

对照式（4-28）和式（4-25），可以看出，频率为 f_i、含有率为 m_i 的间谐波引起的闪变，与频率为 $|f_1 - f_i|$、调制系数为 m_i 的调幅波引起的闪变相当。因此，如果可以估计出电压信号中的间谐波的频率及有效值，以此作为依据就可估算间谐波引起的闪变的强度。

4.3.5 基于间谐波的闪变参数估计

根据间谐波和调幅波的等价关系，提出基于间谐波的闪变检测方法，其原理框图如图 4-12 所示。

图 4-12 基于间谐波的闪变检测原理框图

　　图 4-12 和图 4-10（IEC 推荐的闪变检测方法）的框 1、框 4 和框 5 是完全相同的，不同之处在于框 2 和框 3。基于间谐波和调幅波的等价关系，图 4-12 用间谐波检测替代了图 4-10 的平方解调；相应的，图 4-12 框 3 的实现方法与图 4-10 框 3 不同。

　　先考虑电压信号只含有单个间谐波的情况。设电压基波频率为 f_1，间谐波频率为 f_i，间谐波相对基波的含有率为 m_i。根据间谐波和调幅波的关系，如果 $|f_i - f_1| < 0.05\mathrm{Hz}$ 或 $|f_i - f_1| > 35\mathrm{Hz}$，则间谐波产生的电压波动，其频率超出了闪变的敏感范围，不会产生闪变。因此，根据 f_1 经过简单的数值计算和判断，即可实现 0.05～35Hz 带通滤波，不必进行滤波器设计，并可省去滤波处理。

　　若 $0.05\mathrm{Hz} < |f_i - f_1| < 35\mathrm{Hz}$，则间谐波会产生闪变，闪变的强度与频率 $|f_i - f_1|$ 和间谐波含有率 m_i 有关，需要根据频率 $f = |f_i - f_1|$ 和视感度频率特性系数 $K(f)$ 对间谐波含有率 m_i 进行加权。

　　视感度频率特性系数 $K(f)$ 指在瞬时闪变视感度 $S(t) = 1$ 时，最小电压波动值与各频率电压波动值的比，即

$$K(f) = \frac{U_{\min}}{U_f} \tag{4-29}$$

式中，$U_{\min}$ 为 $S(t) = 1$ 察觉单位的 8.8Hz 正弦电压波动值；U_f 为 $S(t) = 1$ 察觉单位的频率为 f 的正弦电压波动值。

　　它反映了不同频率正弦电压波动所引起的闪变相对强弱的程度。

　　由于闪变对频率为 8.8Hz 的波动最敏感，因此 $K(f) \leqslant 1$，且当 $f = 8.8\mathrm{Hz}$ 时取最大值 1。

　　IEC 闪变标准给出了瞬时闪变视感度 $S(t) = 1$ 时波动频率与正弦电压波动值 $d\,(\%)$ 的对应关系，如表 4-5 所示。

　　从表 4-5 中可以看出，8.8Hz 正弦电压波动产生 $S(t) = 1$ 时所需的电压波动值最小，两边频带逐渐增大。视感度加权滤波器传递函数［式（4-17）］幅频特性是对表 4-5 中正弦电压波动值 d 的倒数形式的拟合，因此，在计算某单一频率的瞬时闪变视感度 $S(t)$ 时，其视感度加权滤波系数可直接采用 $S(t) = 1$ 时该频率对应的电压波动值来计算，而不必采用加权滤波器传递函数来模拟。这与采用 IEC 推荐的加权滤波器实现视感度加权在本质上是一致的。

　　再考虑电压信号含有多个间谐波的情况。由于图 4-10 框 3 的处理过程是线性的，当含有多个间谐波时，可将每一个频率满足 $0.05\mathrm{Hz} < |f_i - f_1| < 35\mathrm{Hz}$ 的间

谐波分别进行视感度加权，再对它们求和得到总的瞬时闪变视感度 $S(t)$ 。

表 4-5　　　　　　　　视感度为 1 觉察单位的电压波动

频率 f(Hz)	电压波动 d(%)	视感度系数 $K(f)$	频率 f(Hz)	电压波动 d(%)	视感度系数 $K(f)$
0.5	2.340	0.107	10.0	0.260	0.962
1.0	1.432	0.175	10.5	0.270	0.926
1.5	1.080	0.231	11.0	0.282	0.887
2.0	0.882	0.283	11.5	0.296	0.845
2.5	0.754	0.332	12.0	0.312	0.801
3.0	0.654	0.382	13.0	0.348	0.718
3.5	0.568	0.440	14.0	0.388	0.644
4.0	0.500	0.500	15.0	0.432	0.579
4.5	0.445	0.561	16.0	0.480	0.521
5.0	0.398	0.628	17.0	0.530	0.472
5.5	0.360	0.694	18.0	0.584	0.428
6.0	0.328	0.762	19.0	0.640	0.391
6.5	0.300	0.833	20.0	0.700	0.357
7.0	0.280	0.893	21.0	0.760	0.329
7.5	0.266	0.940	22.0	0.824	0.303
8.0	0.256	0.977	23.0	0.890	0.281
8.8	0.250	1.000	24.0	0.962	0.260
9.5	0.254	0.984	25.0	1.042	0.240

表 4-5 中只给出了单位瞬时闪变值下的个数有限的离散频率对应的正弦电压波动值，而通过间谐波频率计算得到的频率 $|f_i - f_1|$ 往往不能在表中直接查到，需要根据 $|f_i - f_1|$ 的值，对表 4-5 中给出的正弦电压波动值进行插值拟合，得到 $|f_i - f_1|$ 频率下对应的单位瞬时闪变值下的正弦电压波动值 d (%)。

插值拟合的方法很多，如线性插值、多项式拟合、拉格朗日插值、样条插值等。线性插值的精度较低，计算量小；其他方法的精度都较高，计算量各异。采用二次多项式拟合，计算量较小，精度可满足闪变检测要求。

对于频谱密集或频谱连续的电压波动，可采用频率分辨率不大于 0.05Hz（即时间窗长度大于 20s）的快速傅里叶变换（FFT）估计电压信号的频谱，然后对各频率分量进行视感度加权，再对它们求和得到总的瞬时闪变视感度 $S(t)$ 。

与目前大多已有闪变检测算法比较，本算法不但估计出常规的基于统计型的闪变评价指标（如短时间闪变水平值和长时间闪变水平值），同时也附带给出了引起闪变的电压波动的频度和大小，为闪变原因分析、闪变污染治理及闪变抑制设备的研制和控制提供了更多的有用信息。

4.3.6　算法仿真分析

（1）间谐波与调幅波的等价关系的验证。

仿真 5　按照图 4-10 所示，用图 4-13 所示的 matlab/simulink 建立闪变检测模型，作为检验闪变算法的基准。图 4-13 中，数字滤波器 digtal filter 0 实现 0.05Hz 高通滤波，digtal filter 1 实现 35.0Hz 低通滤波，digtal filter 2 实现视感度加权滤波，digtal filter 3 实现一阶平滑平均滤波，乘法器 product1 和 product2 实现信号自乘平方，gain 为常数增益，其值与信号采样频率等有关，buffer 和 downsample 实现降采样，最后输出为瞬时闪变视感度 $S(t)$。

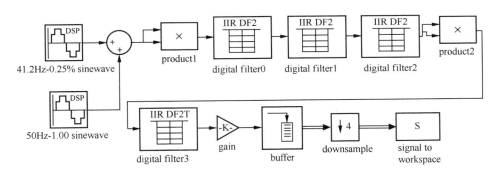

图 4-13　基于 IEC 标准的 maltlab/simulink 闪变检测仿真模型

设电压信号含有基波和单个间谐波，其中基波频率、幅值和初相位分别为 50Hz、1V 和 0°；间谐波频率、幅值和初相位分别为 41.2Hz、0.00125V 和 90°。根据间谐波与调幅波的等价关系，该间谐波产生的闪变频率为 8.8Hz（=50-41.2Hz），电压波动值为 0.25% 的调幅波产生的闪变大小相等；而根据表 4-5，后者产生的瞬时闪变视感度 $S(t) = 1$。

将上述含 41.2Hz 间谐波的电压信号作为 IEC 闪变检测仿真模型的乘法器 product1 的输入（见图 4-13），得到的瞬时闪变视感度 $S(t)$ 计算值总在 0.97～1.03 范围内，近似为 1。再对输出 $S(t)$ 值进行分级和统计分析，得到短时闪变强度值 $P_{st} = 0.7223$。将图 4-13 中乘法器 product1 的输入换成受频率为 8.8Hz、$d = 0.25\%$

的调幅波调制的电压，得到的 $S(t)$ 和 P_{st} 值几乎完全一致；这说明，间谐波与调幅波的等价关系是正确的。

设置基波频率为 50Hz、幅值为 1V 不变，随意选取其他频率和幅值的调幅波，以及相应频率和幅值的间谐波，用仿真模型估计的闪变参数如表 4-6 所示，仿真结果均满足间谐波与调幅波的等价关系。

表 4-6 间谐波和调幅波引起的闪变

信号类型	频率(Hz)	幅值(V)	P_{st}估计值	说明
调幅波	1.0	0.01	1.0075	
间谐波	49.0	0.01	1.0073	等价
间谐波	51.0	0.01	1.0073	
调幅波	5.0	0.005	1.8192	
间谐波	45.0	0.005	1.8193	等价
间谐波	55.0	0.005	1.8193	
调幅波	10.0	0.008	4.4265	
间谐波	40.0	0.008	4.4316	等价
间谐波	60.0	0.008	4.4316	
调幅波	15.0	0.015	4.9357	
间谐波	35.0	0.015	4.9359	等价
间谐波	65.0	0.015	4.9359	

（2）闪变估计新算法验证。

仿真 6 设电压信号为 $u = \sum_h U_h \cos(2\pi f_h t + \varphi_h)$，其中基波、谐波、间谐波参数如表 4-7 所示。

表 4-7 电压信号参数

频率 f_h（Hz）	12.0	32.0	50.0	52.0	58.8	150
幅值 U_h（V）	0.5	0.292	100.0	0.441	0.125	1.50
初相角 φ_h（°）	30	80	0	−40	136	70

将这一含多个谐波和间谐波的电压 u 作为图 4-13 中乘法器 product1 的输入，并对由此得到的 $S(t)$ 值进行统计分析，得到短时间闪变值 $P_{st}=1.2642$。按 4.3.3 节的基于间谐波的闪变参数估计方法，编制 matlab 程序，计算求得上述电压引起的短时闪变值 $P_{st}=1.2815$。与 IEC 检测值比较，相对误差为 1.37%，小于 IEC

规定的 P_{st} 误差小于 5%的要求，证明 4.3.5 节提出方法是可行的。

改变电压中谐波、间谐波参数如表 4-8 所示，将新的电压信号作为图 4-13 中的乘法器 product1 的输入，得到短时间闪变值 P_{st}=1.9016。按基于间谐波的闪变参数估计方法，求得上述电压引起的短时间闪变值 P_{st}=1.9195。以 IEC 检测值为标准，新算法检测相对误差为 0.94%，满足 IEC 闪变检测精度要求。

表 4-8　　　　　　　　　　　　电压信号的新参数

频率 f_h（Hz）	8.0	27.0	46.0	50.0	59.0	150
幅值 U_h（V）	0.86	0.23	0.35	100.0	0.26	1.20
初相角 φ_h（°）	60	−120	0	50	76	−18

采用 4.3.5 闪变算法，对多组含不同频率、幅值的间谐波的电压信号引起的闪变进行参数估计，再与 IEC 推荐方法的检测结果比较，差值均在 5%以内，验证了本文算法和 IEC 检测方法的一致性。

● 4.4　本章小结 ●

本章主要内容如下：

（1）提出了一种新的谐波检测算法，该算法与锁相环配合，可估计各整数次谐波的有效值和初相位，其响应速度快，检测精度高，适合于动态变化的电压和电流谐波检测；通过搜索有效值极大值，该算法也可估计各次间谐波的频率、有效值和初相位。

（2）分析了间谐波和闪变的关系，推导出了间谐波和调幅波对于闪变的等价关系式，并基于这一关系式，提出了一种新的闪变参数估计算法。该算法利用了间谐波估计的结果，减小了算法的计算量。同时，该算法与 IEC 闪变检测方法在原理上是一致的，除了能求取瞬时闪变视感度 $S(t)$、短时间闪变值 P_{st} 和长时间闪变值 P_{lt} 等反映闪变强弱的参数外，还能给出电压波动频率和幅度等信息，有利于电压波动与闪变的分析和治理。

（3）应用新算法，对整数次谐波、间谐波和闪变进行仿真检测，其结果验证了所提算法的可行性和有效性。

第 5 章

基于多源数据的光伏出力精准预测方法研究

由于光伏发电功率直接受到气象因素的影响，导致其时间序列具有较强的随机性和波动性，如果不对这种情况加以处理，就会将这种随机性和波动性直接带到预测结果中去，从而导致预测精度不能达到理想的效果。截至目前，许多国内外的专家学者都针对光伏发电的特殊性设计开发了多种算法对光伏发电功率进行预测，较为成熟的有时间序列预测方法、小波分析预测方法、支持向量机回归（support vector machines，SVM）预测方法和组合模型预测方法等。时间序列预测方法是利用过去一定时间范围内的数据去预测未来一段时间的目标值。时间序列预测模型非常依赖数据在时间上的顺序，同一个数据点处于不同时刻时对模型的影响是不同的。时间按序列预测方法诞生于 1970 年，经过多年的研究发展出了几种常见的类型，分别为自回归模型、移动平均模型和在其基础上进行改进的回归模型等。文献[8]提出了一种多维度光伏发电功率时序预测方法，该方法考虑了多种时间尺度并且结合了嵌入维相空间重构法确定参数，其预测结果具有时间序列预测模型中最高精度。该文献提出的方法模型简单，并以数学方法为基础分析数据特征，但其时间尺度是通过重复实验得到，缺少理论依据，因此不适合大范围的时间序列预测。

小波分析预测方法是利用信号的精细化分解来获取时间序列数据中包含的信息，其刚开始被用于信号特征提取、故障诊断等领域。后来许多专家学者将其与其他预测方法相结合，构成了一系列预测模型，自此该方法也被广泛用于数据分析及预测领域。该方法通常首先分析了天气类型相似日的相关信息，在此基础上提出了小波神经网络算法对光伏发电功率进行预测，通过其预测结果可以发现，小波变换与神经网络结合后能够使预测精度具有明显提高。但算法分解质量直接受到基函数的影响，所以要达到想要的分解效果还需要寻找合适的基函数，耗时耗力。

而经验模态分解和变分模态分解不需要设置基函数，只需要将时间序列输入到算法中就能得到各个分量，排除了人为干扰，其中经验模态分解得到的模态数是无法人为设定的，因此其分解结果或多或少会存在模态混叠的问题；而变分模态分解通过人为设定模态数，支持反复实验不同模态数下的分解效果，从而避免了模态混叠的问题。通过上面的分析，本章选择了变分模态分解来解决光伏发电功率时间序列中存在随机性和波动性的问题，变分模态分解的算法原理和实现步骤将会在本章进行了详细介绍。最后，本章通过实验分析证明变分模态分解算法分解效果的有效性。

5.1 基于 VMD-ELM 的光伏出力预测模型

5.1.1 变分模态分解原理

变分模态分解原理（variational mode decomposition，VMD）是通过构造求解变分约束问题，将原始信号分解为指定个数的固有模态分量（intrinsic mode functions，IMF），其过程描述如下。

（1）将其看作约束变分问题，形式为

$$\min\left\{\sum_{k=1}^{K}\left\|\partial_t\left[\left(\delta(t)+\frac{j}{\pi t}\right)\text{※}\quad u_k(t)\right]\mathrm{e}^{-\mathrm{j}\omega_k t}\right\|_2^2\right\} \tag{5-1}$$

$$s.t.\sum_{k=1}^{K}u_k=f(t) \tag{5-2}$$

$$\min\left\{\sum_{k=1}^{K}\left\|\partial_t\left[\left(\delta(t)+\frac{j}{\pi t}\right)^*u_k(t)\right]\mathrm{e}^{-\mathrm{j}\omega_k t}\right\|_2^2\right\} \tag{5-3}$$

$$s.t.\sum_{k=1}^{K}u_k=f(t) \tag{5-4}$$

式（5-1）～式（5-4）中：$f(t)$ 是原始信号；u_k 为 K 阶模态的集合；ω_k 为中心频率；$\delta(t)$ 为狄拉克分布；※表示卷积。

（2）为了将约束变分问题转化为无约束问题，利用二次惩罚因子和拉格朗乘子得到如下增广拉格朗日函数，即

$$L(\{u_k(t)\},\{\omega_k\},\lambda(t))=$$

$$\alpha\sum_{k=1}^{K}\left\|\partial_t\left[\left(\delta(t)+\frac{j}{\pi t}\right)^*u_k(t)\right]\mathrm{e}^{-\mathrm{j}\omega_k t}\right\|_2^2+f(t)-\sum_{k=1}^{K}u_k(t)\|_2^2+\lambda(t)^T\left(f(t)-\sum_{k=1}^{K}u_k(t)\right)$$

$$\tag{5-5}$$

式中：$\lambda(t)$ 为拉格朗日乘子；α 为二次惩罚因子。

（3）最后可以得到 VMD 的变换过程为

$$\hat{u}(\omega) = \frac{\hat{f}(\omega) + \sum_{i \neq k}^{K} \hat{u}_i^n(\omega) + \dfrac{\hat{\lambda}^n(\omega)}{2}}{1 + 2\alpha\left(\omega - \omega_k^n\right)^2} \tag{5-6}$$

$$\omega_k^{n+1} = \frac{\int_0^\infty \omega \left|\hat{u}_k^{n+1}(\omega)\right|^2 \mathrm{d}\omega}{\int_0^\infty \left|\hat{u}_k^{n+1}(\omega)\right|^2 \mathrm{d}\omega} \tag{5-7}$$

$$\hat{\lambda}^{n+1}(\omega) = \hat{\lambda}^n(\omega) + \tau\left(\hat{f}(\omega) - \sum_{k=1}^{K} \hat{u}_k^{n+1}(\omega)\right) \tag{5-8}$$

式（5-6）～式（5-8）中：$\hat{f}(\omega), \hat{u}_k^n(\omega), \hat{u}_i^n(\omega)$ 及 $\hat{\lambda}^n(\omega)$ 分别是 $f(t)$，$u_k^n(t)$，$u_i^n(t)$ 和 $\lambda^n(t)$ 的傅里叶变换；τ 为更新参数；n 为迭代次数。

对模态和中心频率进行迭代，直到满足以下收敛准则为

$$\sum_{k=1}^{K} \left\|\hat{u}_k^{n+1} - u_k(t)\right\|_2^2 / \left\|\hat{u}_k^n\right\|_2^2 < \varepsilon \tag{5-9}$$

则 VMD 收敛，停止更新。最后，利用傅里叶逆变换得到时域内的所有模态。

5.1.2 极限学习机理论

极限学习机（extreme learning machine，ELM）是一种单隐层前馈神经网络，其结构图如图 5-1 所示。最大的特点是输入权值和隐含节点的偏置都是在给定范围内随机生成的，被证实学习效率高且泛化能力强。训练时的主要目的在于输出层的权值求解。ELM 具有使用训练参数少、简单易用等优点。本节采用 ELM 算法对 VMD 分解的负荷曲线分量进行区间预测。

极限学习机的原理如下：

给定具有 N 个不同样本的训练数据集 $D = \{(\boldsymbol{x}_i, \boldsymbol{t}_i), i = 1, \cdots, N\}$，其中 $\boldsymbol{x}_i = [x_{i1}, x_{i2}, \cdots, x_{in}]^{\mathrm{T}} \in \boldsymbol{R}^n$，$\boldsymbol{t}_i = [t_{i1}, t_{i2}, \cdots, t_{im}]^{\mathrm{T}} \in \boldsymbol{R}^m$。假设具有 l 个隐含层节点的极限学习机的输出向量为 $\boldsymbol{y}_i = [y_{i1}, y_{i2}, \cdots, y_{im}]^{\mathrm{T}} \in \boldsymbol{R}^m$，则该网络模型可以用数学表达式为

$$\sum_{j=1}^{l} \boldsymbol{\beta}_j g(\boldsymbol{a}_j \cdot \boldsymbol{x}_i + b_j) = \boldsymbol{y}_i \quad (i=1,2,\cdots,N) \tag{5-10}$$

式中：$\boldsymbol{\beta}_j$ 为第 j 个隐含层节点和输出层节点的权值，$\boldsymbol{\beta}_j = [\beta_{j1}, \beta_{j2}, \cdots, \beta_{jm}]^{\mathrm{T}}$；$g(\boldsymbol{a}_j \cdot \boldsymbol{x}_i + b_j)$ 为第 j 个隐含层节点的激活函数 $g(\boldsymbol{x}_i)$；$\boldsymbol{a}_j$ 为第 j 个隐含层节点和输入层节点的权值，$\boldsymbol{a}_j = [a_{j1}, a_{j2}, \cdots, a_{jn}]^{\mathrm{T}}$；$b_j$ 是第 j 个隐含层节点的阈值，$j = 1, 2, \cdots, l$。

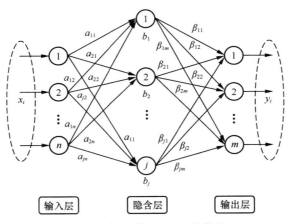

图 5-1　极限学习机网络结构图

单隐层神经网络学习的目标是使得输出的误差最小，可以表示为

$$\sum_{i=1}^{N} \|\boldsymbol{y}_i - \boldsymbol{t}_i\| = 0 \tag{5-11}$$

即存在 $\boldsymbol{\beta}_j$，$\boldsymbol{a}_j$ 和 b_j，使得

$$\sum_{j=1}^{l} \boldsymbol{\beta}_j g(\boldsymbol{a}_j \cdot \boldsymbol{x}_i + b_j) = \boldsymbol{t}_i \quad (i=1,2,\cdots,N) \tag{5-12}$$

可以用矩阵表示为

$$\boldsymbol{H\beta} = \boldsymbol{T} \tag{5-13}$$

其中

$$\boldsymbol{H} = \begin{bmatrix} g(\boldsymbol{a}_1 \cdot \boldsymbol{x}_1 + b_1) & \cdots & g(\boldsymbol{a}_l \cdot \boldsymbol{x}_1 + b_l) \\ g(\boldsymbol{a}_1 \cdot \boldsymbol{x}_2 + b_1) & \cdots & g(\boldsymbol{a}_l \cdot \boldsymbol{x}_2 + b_l) \\ \vdots & & \vdots \\ g(\boldsymbol{a}_1 \cdot \boldsymbol{x}_N + b_1) & \cdots & g(\boldsymbol{a}_l \cdot \boldsymbol{x}_N + b_l) \end{bmatrix}_{N \times l} \tag{5-14}$$

$$\boldsymbol{\beta} = \begin{bmatrix} \boldsymbol{\beta}_1^T \\ \boldsymbol{\beta}_2^T \\ \vdots \\ \boldsymbol{\beta}_l^T \end{bmatrix}_{l \times m} \qquad \boldsymbol{T} = \begin{bmatrix} \boldsymbol{t}_1^T \\ \boldsymbol{t}_2^T \\ \vdots \\ \boldsymbol{t}_N^T \end{bmatrix}_{N \times m} \tag{5-15}$$

训练这个网络等同于求解以 $\boldsymbol{\beta}$ 为变量的线性系统 $\boldsymbol{H\beta} = \boldsymbol{T}$ 的最小二乘解 $\hat{\boldsymbol{\beta}}$，即

$$\| \boldsymbol{H}\hat{\boldsymbol{\beta}} - \boldsymbol{T} \| = \min_{\boldsymbol{\beta}} \| \boldsymbol{H\beta} - \boldsymbol{T} \| \tag{5-16}$$

该方程的解为

$$\hat{\boldsymbol{\beta}} = \boldsymbol{H}^+ \boldsymbol{T} \tag{5-17}$$

式中：$\boldsymbol{H}^+$ 为隐含输出层矩阵 $\boldsymbol{H}$ 的 Moore-Penrose 广义逆。且可证明求得的 $\hat{\boldsymbol{\beta}}$ 解的范数是最小的并且唯一。

5.2 算例分析

5.2.1 数据来源和参数设置

为有效验证所提光伏出力精准预测方法的优势，以比利时 Elia 电网公司公开的光伏数据集为例进行实验。该数据集为比利时某一个地区在某年 6～9 月的光照数据，数据的采样间隔为 15min，总采样点共 11712，为缩短运算时间选取前 10000 个采样点作为样本集。将该样本集数据按 8：2 划分为训练集和验证集。为了验证变分模态分解-极限学习机（VMD-ELM）组合模型的准确性和有效性，设预测对比实验，将所提 ELM 光伏预测模型与 BP 和 LSTM 的预测实验结果进行对比分析。本实验使用 MTLAB 作为仿真工具，版本为 Matlab2021b。

5.2.2 预测结果对比分析

利用 5.1.2 所提 ELM 方法对光伏预测性能验证，设置对比实验为 ELM、BP、LSTM 的光伏预测结果，来验证所提 ELM 可以提高光伏预测精度。

均方根误差（root mean square error，RMSE）是衡量观测值与真实值之间的偏差。常用来作为机器学习模型预测结果衡量的标准。公式如下

$$RMSE = \sqrt{\frac{1}{n}\sum_{i=1}^{n}(\hat{y}_i - y_i)^2} \tag{5-18}$$

归一化均方根误差（normalized root mean square error，NRMSE）就是将 RMSE 的值变成（0,1）之间。公式如下

$$NRMSE = \frac{RMSE}{max(y_i) - min(y_i)} \tag{5-19}$$

平均绝对误差（mean absolute error，MAE）是绝对误差的平均值。可以更好地反映预测值误差的实际情况。公式如下

$$MAE = \frac{1}{n}\sum_{i=1}^{n}|\hat{y}_i - y_i| \tag{5-20}$$

将 ELM 模型与 BP、LSTM 的结果进行比较，同时，表 5-1 列出了 RMSE、NRMSE、MAE 的值。为了更直观地表示各个模型的评价指标，采用柱状图来表示模型的 RMSE、NRMSE、MAE 值，均为平均值，如图 5-2 所示。

表 5-1　　　　　　　　　三种模型的各误差评价指标

步数	模型	RMSE	NRMSE	MAE
96	ELM	593.2663	0.1039	332.2869
	BP	717.1430	0.1256	360.8980
	LSTM	820.1174	0.1436	458.7175

通过仔细分析，可以得出以下结论：

（1）通过比较 ELM、BP、LSTM 可以发现，ELM 模型的预测效果略好于另外两种模型。

（2）由图 5-2（a）对比 ELM 和 BP、LSTM 三种模型的误差评价指标，可以发现，三种模型的 RMSE 指标，ELM<BP<LSTM。三种模型的 NRMSE 指标，ELM<BP<LSTM。三种模型的 MAE 指标，ELM<BP<LSTM。BP 的 RMSE、NRMSE、MAE、SMAPE 值分别都大幅增大。在 LSTM 的预测结果中，RMSE、NRMSE、MAE、SMAPE 的值也增加了许多，说明 ELM 的预测误差比 BP 和 LSTM 的小。证明了 ELM 预测模型的有效性。

（3）从图 5-2（b）可以观察到，ELM 的预测误差范围在−2000～2000kW，BP 的预测误差范围超过 2000kW，LSTM 的预测误差范围也超过 2000kW。可以看出，从整体上来看 ELM 模型的误差波动范围最小。

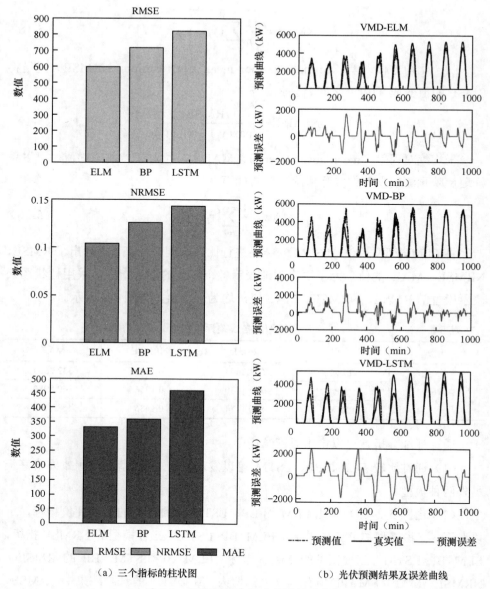

（a）三个指标的柱状图　　　　　（b）光伏预测结果及误差曲线

图 5-2　评价指标分析及预测结果分析

为了进一步表明所提模型的有效性，更清晰地显示预测结果，图 5-3 所示为 3 种模型预测结果的误差分布图。

通过对图 5-3 的分析，可以得出以下结论：

从误差分布图来看，对比六种模型的误差分布宽度，ELM 模型的误差正态分布是最窄的。证明负荷预测模型预测效果较好。由以上的分析，可以得出结论 ELM 模型能较好地拟合光伏数据，获得较好的预测结果。

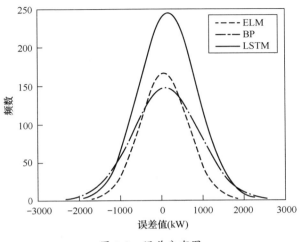

图 5-3　误差分布图

5.3　本章小结

针对光伏出力数据的非平稳性、非线性和局部随机性特征，提出了一种基于 VMD 的 ELM 区间预模型，实现了光伏出力数据的不确定预测，主要结论如下：

（1）未经 VMD 分解的光伏出力预测结果与真实值误差较大，经 VMD 分解后的分量相比较原始数据具有一定周期性，减小了预测误差。采用 VMD 的混合模型相比单一的模型，光伏出力预测结果的精度更高。因此，采用变分模态分解算法可以有效降低光伏出力数据的非平稳性对预测模型的不利影响。

（2）对基于 ELM 算法的光伏出力点预测进行对比实验分析。进行了光伏出力短期点预测实验，通过 ELM 短期点预测方案，同时构建了 BP、LSTM 短期点预测模型作为对照，并引入 RMSE、NRMSE、MAE、SMAPE 这四个评价指标进行对比分析。实验结果表明，ELM 模型的各项预测指标均效果优于对照组 BP、LSTM 模型，本章所提模型更有效地实现了短期确定性点预测任务。因此，ELM 能更加有效地提取短期预测中的非线性特征。

第 6 章

低压台区光伏节点电压保护阈值差异化整定

随着光伏扶贫和《关于报送整县（市、区）屋顶分布式光伏开发试点方案的通知》等政策的实施，低压户用分布式光伏系统得到井喷式发展。截至 2022年 5 月，国网公司范围内低压分布式光伏用户共 305.9 万户，占比 0.39%；总装机容量 83.8GW，光伏台区共 92.8 万个，占比 17.6%。低压分布式光伏用户数量与装机容量呈现逐年递增的趋势。

当中低压配电网接入大量的分布式光伏后，由传统的无源网络转换为有源网络，产生功率倒送和电压越限等不良后果。在中低压配电网调节资源和手段有限的现状下，为了保证用户的电压质量，治理过电压问题主要依靠各分布式光伏的就地调节。如分布式光伏检测到并网点电压大于电压限幅值时脱网停机；或者当电压偏差大于死区后，分布式光伏按照预设的电压限幅值计算调差率，进而采用下垂控制模式等。但是，各分布式光伏的电压限幅值通常在出厂时设置为统一的固定值，缺乏对实际工况的考虑。例如，低压配电网中处于线路远端且专线接入的分布式光伏，适当提高并网点的电压限幅值，不仅不会导致台区中其他用户过压，而且也能提高光伏消纳率。因此，需要结合配电网中的实际工况对各分布式光伏的电压限幅值进行差异化整定，在满足系统中其他用户电压质量的前提下，尽可能提高光伏消纳率。

目前，围绕治理配电网电压越限，提升光伏消纳率已开展了大量研究。比如利用光伏逆变器"先无功后有功"的调压方式对电压越限节点调压，提高了配电网的光伏消纳能力；考虑光储协调的多阶段电压控制方法，可在不对光伏进行有功缩减的基础下调压，提高了配电网的光伏接纳能力；基于 SOP 有功—无功协同的电压控制方法，有效提升了配电网的新电源消纳能力；基于并网点电压幅值和线路阻抗的电压控制方案，有效减少了光伏弃光量；以电压越限风险为约束条件，建立了分布式电源、储能、信息系统协同的优化模型，有效提高了配电网的分布式电源消纳能力；通过引导电动汽车积极、有序充电，提升系统光伏消纳能力；建立考虑交易电价和可时移负荷的光伏消纳模型，提升光伏就地消纳能力；建立基于"源—网—荷—储"协调互动的两阶段配电网优化模型，提升配电网光伏消纳能力；建立"水—火—光"多源互补的优化调度模型，提升电力系统的光伏消纳能力；建立以光伏消纳比最大等为目标的配电网动态重构模型，提升配电网的光伏消纳率。

以上研究利用光伏逆变器、储能等灵活性资源调压、提升光伏消纳能力，并未考虑到通过对分布式光伏的电压限幅值进行差异化整定以提升光伏消纳能力。为此，一种数据驱动的分布式光伏电压限幅值差异化整定策略被提出。首先，结合中低压配电网的历史运行数据，通过最小二乘法估算系统的近似线性模型，得到各节点功率与各节点电压之间的关系；然后，基于各负荷节点的历史数据，通过聚类得到少量的典型场景；最后，在不同典型场景下，以负荷节点电压不越限为约束条件，以最大化光伏消纳为目标，建立低压配电网线性规划模型，差异化整定各分布式光伏的电压限幅值。该策略能够有效提升配电网台区的光伏消纳能力。

6.1　整定方案

光伏节点电压保护阈值差异化整定总体方案如图 6-1 所示，整个系统共包含 4 个步骤：数据预处理，台区近似线性模型估计，典型负荷场景聚类与缩减和光伏节点电压保护阈值差异化整定。其中数据预处理包含：

（1）基于线性插值方法的缺失数据检测与填充功能，主要用于对短时通信异常等因素导致的缺失数据进行检测与补充。

（2）节点有效性判定功能，主要用于删除长期无用电行为的节点（如长期外出务工，但电能表依然在线的用户）和电压长期异常的节点（如电压长期明显低于异常值等情况）。

（3）异常值检测与修正功能，主要用于识别某些节点在某些时刻受干扰等因素产生电压或功率明显偏离数据集（即离群值）的情况，然后通过线性插值方法对这些异常值进行修正。

（4）节点类型分类功能，用于将台区内的节点分为光伏节点和负荷节点，便于后续计算。

由于数据预处理不是本章重点，因此不再详细介绍，本章后续重点介绍整体方案中的其他三个步骤。

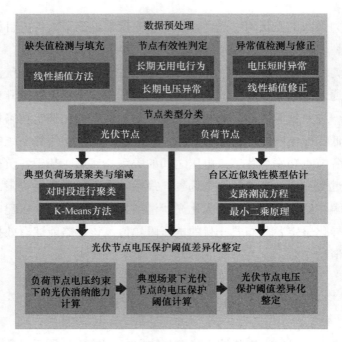

图 6-1　光伏节点电压保护阈值差异化整定总体方案

6.2　台区近似模型估计

　　台区近似线性模型估计主要目的为根据各节点的电压和功率历史数据，估算各节点功率与各节点电压之间的关系，得到节点功率—电压关系矩阵，并根据负荷节点和光伏节点索引，从关系矩阵中提取对应索引下的行元素，构成节点功率—负荷节点电压关系矩阵和节点功率—光伏节点电压关系矩阵，用于后续计算，具体计算流程如图 6-2 所示。

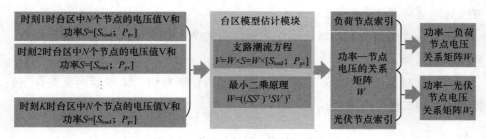

图 6-2　台区近似线性模型估计流程

　　为构建节点功率－负荷节点电压关系矩阵和节点功率－光伏节点电压关系矩阵，结合图 6-3 所示的简化低压台区示意图为例介绍台区近似线性模型。低压台区一般是通过一条三相低压架空线（或三相电缆）和一条下户线向各低压用户供电。下户线可以是单相的，也可以是三相的，具体取决于用户的需求。低压架空线整体呈放射状结构，根据分支点和分裂节点（下户线的起点）的位置分为若干区段。智能电能表安装在用户节点和配电变压器的二次侧。因此，数据集包括智能电能表在每个用户节点和变压器二次侧定期采集的相电压幅值、有功功率和无功功率（数据时间分辨率国家电网公司所属的为 15min）。

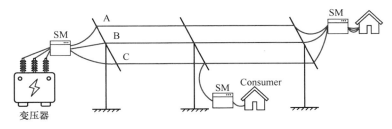

图 6-3　低压台区示意图

　　图 6-3 中每一相对应的电路模型可以和图 6-4 所示单相模型近似，采用支路潮流方程描述，公式为

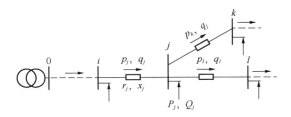

图 6-4　低压台区支路潮流模型

$$\begin{cases} p_j = r_j l_j - P_j + \sum_{k: j \to k} p_k \\ q_j = x_j l_j - Q_j + \sum_{k: j \to k} q_k \\ v_j = v_i - 2(r_j p_j + x_j q_j) + (r_j^2 + x_j^2) l_j \end{cases} \quad (6\text{-}1)$$

式中：v_i 为节点 i 处电压有效值的平方；l_j 为支路 ij 中电流有效值的平方；r_j 为支路 ij 的电阻；x_j 为支路 ij 的电抗；p_j 为支路 ij 首端的有功功率；q_j 为支路 ij

首端的无功功率；$k:j \to k$ 为以 j 为首节点的支路的末节点 k 的集合；P_j 和 Q_j 分别为注入节点 j 的有功功率和无功功率，正值表示注入，负值表示流出。

考虑到低压台区中的损耗往往远小于负荷水平，因此，忽略线路损耗，可以将式（6-1）进行简化，得到低压台区的线性近似模型，公式为

$$\begin{cases} p_j = -P_j + \sum_{k:j \to k} p_k \\ q_j = -Q_j + \sum_{k:j \to k} q_k \\ v_j = v_i - 2(r_j p_j + x_j q_j) \end{cases} \tag{6-2}$$

对于一个含有 $N+1$ 个节点的低压台区，规定台区变压器低压侧为 0 号节点，台区内其他 N 个节点构成的集合表示为 $\Omega := \{1, \cdots, N\}$。由于低压台区通常呈辐射状，因此，包含 $N+1$ 个节点的台区包含 N 条支路。规定各支路的参考正方向为远离 0 号节点的方向，各条支路的编号与其末端节点编号相同。引入支路—节点关联矩阵 M，当不考虑台区变压器低压侧对应的 0 号节点时，M 为 $N \times N$ 的方阵，第 i 行第 j 列元素 m_{ij} 的取值方式公式为

$$m_{ij} = \begin{cases} 1, & \text{节点} j \text{是支路} i \text{的首端} \\ -1, & \text{节点} j \text{是支路} i \text{的末端} \\ 0, & \text{其他} \end{cases} \tag{6-3}$$

根据支路—节点关联矩阵 M，可以将式（6-3）简记为式（6-4）所示的矩阵形式，即

$$\begin{cases} M^T p = P \\ M^T q = Q \\ Mv = -v_0 m_0 + 2rp + 2xq \end{cases} \tag{6-4}$$

式中：上标 ^{T} 为矩阵的转置；P 和 Q 分别为各节点注入的有功功率和无功功率构成的列向量；p 和 q 分别为各支路首端的有功功率和无功功率构成的列向量；v 为节点 1~N 的电压有效值平方所组成的列向量；v_0 为 0 号节点电压有效值的平方；$m_0 = [1, 0, 0, \cdots, 0]^T$ 为一个 N 维列向量，其第一个元素为 1，其余 $N-1$ 个元素均为 0；$r = \text{diag}(r_1, r_2, \cdots, r_N)$ 和 $x = \text{diag}(x_1, x_2, \cdots, x_N)$ 分别为 N 条支路的电阻和电抗构成的对角阵。

对于放射型结构的低压配电网而言，M 必然可逆。将式（6-4）的前两行带入第三行，同时两边都左乘 M^{-1}，得到

$$v = -v_0 M^{-1} m_0 + 2M^{-1} r M^{-T} P + 2M^{-1} x M^{-T} Q \qquad (6\text{-}5)$$

根据 M 和 m_0 的定义，可知 $-M^{-1}m_0=1_N$，其中 1_N 表示元素全为 1 的 N 维列向量，因此，式（6-5）可以进一步简化为式（6-6）所示的台区线性近似模型。式（6-6）表明：在放射型低压台区中，各节点电压有效值的平方等于各节点注入的有功功率和无功功率的线性组合。

$$\begin{aligned} v &= v_0 1_N + 2M^{-1} r M^{-T} P + 2M^{-1} x M^{-T} Q \\ &= v_0 1_N + RP + XQ \end{aligned} \qquad (6\text{-}6)$$

其中，$R=2M^{-1}rM^{-T}$，$X=2M^{-1}xM^{-T}$。由于 M，r 和 x 的值仅与网络拓扑结构和线路参数有关，所以，对于固定的台区而言，R 和 X 均为定值。

在实际低压配电网中，同一个低压台区中的导线规格通常相同，且各节点处负荷或分布式光伏的功率因数通常均在 0.9 以上，因此可以得到如下两个假设：①台区中各支路的阻感比相同，为 $r_j/x_j=\alpha$；②各节点处净负荷的功率因数相同，为 λ。此时，式（6-6）可以表示为

$$\begin{aligned} v &= v_0 1_N + 2\lambda M^{-1} r M^{-T} S + 2\frac{\beta}{\alpha} M^{-1} r M^{-T} S \\ &= v_0 1_N + \left(\lambda + \frac{\beta}{\alpha} \right) RS \end{aligned} \qquad (6\text{-}7)$$

式（6-7）中 $\beta = \sqrt{1-\lambda^2}$，$S$ 表示各节点注入的视在功率所构成的列向量。通常情况下，高比例分布式光伏的低压台区位于农村，所用架空导线阻感比 α 普遍大于 5。令 $\alpha=5$，$\lambda=0.9$，则 $\lambda + \beta/\alpha \approx 1$，因此式（6-7）可以进一步简化，得到放射型低压台区的实用线性模型，如式（6-8）所示为

$$v = v_0 1_N + RS \qquad (6\text{-}8)$$

式（6-8）的主要意义在于，当低压台区内各节点处的有功功率和无功功率无法获取，只能得到视在功率时，可以用该式代替式（6-6），描述台区内各节点注入功率与节点电压之间的线性关系。

当低压台区的拓扑结构和线路参数已知时，可以根据 $R=2M^{-1}rM^{-T}$ 直接计算式（6-8）中的参数 R。但是，在实际的低压台区中，拓扑结构和线路参数往往未知或不完整，需要根据历史运行数据，估算参数 R。此外，在工程实践中，低压台区各节点处的观测数据常通过用户的智能电能表采集，存档的历史运行数据类别主要为不同时间断面下各节点处的电压有效值、电流有效值和累计用电量等，有时缺乏功率因数、有功功率和无功功率等数据。尽管可以根据累计

用电量信息间接得到节点的有功功率，但该值为一定时段内的平均值，与断面值之间存在较大误差。因此，在最恶劣条件下，用于模型参数估计的数据类别只有不同时间断面下各节点处的电压和电流有效值。本节正是基于电压电流两类数据，结合台区使用模型即式（6-8），说明参数 R 的估算方法。

设低压台区 0 号节点的 T 个电压有效值采样数据构成的行向量为 $\hat{V}_0 = [\hat{V}_{0,1}, \cdots, \hat{V}_{0,t}, \cdots, \hat{V}_{0,T}]$，其他 N 个节点的 T 个电压和电流采样数据分别构成维度为 $N \times T$ 的矩阵 $\hat{V}_\Omega$ 和 $\hat{I}_\Omega$。根据 $\hat{V}_0$，$\hat{V}_\Omega$ 和 $\hat{I}_\Omega$，可以得到各节点电压有效值平方所构成的矩阵 $\hat{v}_0 = \hat{V}_0 \odot \hat{V}_0$ 和 $\hat{v}_\Omega = \hat{V}_\Omega \odot \hat{V}_\Omega$，以及各节点注入的视在功率矩阵 $\hat{S}_\Omega = \hat{V}_\Omega \odot \hat{I}_\Omega$，其中 $\odot$ 为 Hadamard 乘积符号，表示矩阵中对应位置元素相乘。对式（6-8）中参数 R 的估计，本质上是一个线性回归问题，可以通过最小二乘法求解，即以 R 为决策变量，求解式(6-9)所表示的无约束优化模型，即

$$\min \left\| R\hat{S}_\Omega - (\hat{v}_\Omega - \mathbf{1}_N \hat{v}_0) \right\|_2 \tag{6-9}$$

上述模型为二次凸规划模型，根据最优性理论，目标函数取得最小值时，R 的取值公式为

$$\begin{aligned} R &= ((\hat{S}_\Omega \hat{S}_\Omega^\mathrm{T})^{-1} \hat{S}_\Omega (\hat{v}_\Omega - \mathbf{1}_N \hat{v}_0)^\mathrm{T})^\mathrm{T} \\ &= (\hat{v}_\Omega - \mathbf{1}_N \hat{v}_0) \hat{S}_\Omega^\mathrm{T} (\hat{S}_\Omega \hat{S}_\Omega^\mathrm{T})^{-\mathrm{T}} \end{aligned} \tag{6-10}$$

6.3　负荷聚类与典型场景生成

当台区内各节点的用电负荷确定之后，根据网络模型和节点电压限值等约束条件，便可以估算台区的调峰能力。但是，实际台区中的一个节点往往只对应一个用电客户，用电功率存在很大的波动性和随机性。根据不同时间断面下台区内各节点的负荷特征，从时间角度，对不同时间断面下台区内各节点的负荷进行聚类，确定典型负荷场景，从而估算台区在不影响分布式光伏安全消纳前提下所提供的调峰能力。

相对于 K-means 算法，密度值搜索算法（clustering by fast search and find of density peaks，CFSFDP）能够自动确定聚类数目，对算法参数取值较不敏感，能快速完成聚类过程，并且还能够实现任意形状的聚类。采用该算法对负荷进行聚类，将聚类结果中每一类的中心值作为负荷的一种典型场景，并根据每一类中包含的原始场景数量计算对应典型场景的权重，具体算法流程如下：

步骤 1：节点分类与原始场景提取。将低压配电台区中节点集合 Ω 分为两个子集 Ω_1 和 Ω_2，分别表示负荷节点和光伏节点所构成的集合。然后根据 Ω_1 中包含的节点编号，先从节点注入的视在功率矩阵 $\hat{\boldsymbol{S}}_\Omega$ 中提取对应的行，构成新的矩阵 $\hat{\boldsymbol{S}}_{\Omega_1}$，其中的每一列作为一个原始负荷场景，则 $\hat{\boldsymbol{S}}_{\Omega_1}$ 中共含有 T 个原始负荷场景，第 t 个原始负荷场景记为 $\boldsymbol{s}_{\Omega_1}^t$。

步骤 2：计算场景密度。对任意 $t \in \Xi$（Ξ 表示原始负荷场景集合，即 $\Xi := \{1, \cdots, T\}$），按照式（6-11）计算 $\boldsymbol{s}_{\Omega_1}^t$ 的局部密度 ρ^t 为

$$\rho^t = \sum_{t \neq j} \exp\left(-\frac{d_{tj}^2}{d_c}\right) \tag{6-11}$$

式中：d_{tj} 为原始负荷场景 $\boldsymbol{s}_{\Omega_1}^t$ 与其他任意原始场景 $\boldsymbol{s}_{\Omega_1}^j$ 之间的欧式距离；d_c 为截断距离，其值过大将导致不同簇的合并，其值过小将导致同一簇的分裂。d_c 应该使截断距离内的邻域原始场景数目为总体原始场景数目的 1%～2%。

步骤 3：确定密度拓扑。按照式（6-12）寻找距离 $\boldsymbol{s}_{\Omega_1}^t$ 最近且密度大于 ρ^t 的邻域样本 $\boldsymbol{s}_{\Omega_1}^j$，并记录 $\boldsymbol{s}_{\Omega_1}^t$ 与密度高于 $\boldsymbol{s}_{\Omega_1}^t$ 的场景的最小距离。

$$[\delta^t, \boldsymbol{s}_{\Omega_1}^j] = \begin{cases} \left[\min(d_{tj}), \boldsymbol{s}_{\Omega_1}^j\right], & \exists j : \rho^j > \rho^t \\ [\max(d_{tj}), 0], & \text{otherwise} \end{cases} \tag{6-12}$$

步骤 4：确定聚类中心。选择原始负荷场景中密度较大且场景间距离较远的场景作为聚类中心，即以式（6-13）的计算结果确定聚类中心为

$$\gamma^t = \rho^t \delta^t \tag{6-13}$$

步骤 5：划分聚类。按照 γ 值大小的排列顺序，将剩余原始场景分配到与他最近邻且密度比它大的原始场景所在簇。

步骤 6：确定典型负荷场景及其权重。最终得到的簇的数量 Π 作为典型负荷场景的数量，第 $\pi(\pi=1, 2, \cdots, \Pi)$ 个原始负荷场景簇 $\hat{\boldsymbol{S}}_{\Omega_\pi}$ 的平均值作为第 π 个典型负荷场景 $\boldsymbol{s}_{\Omega_1}^\pi$，各簇中原始负荷场景数占总原始场景数的比重作为对应典型场景的权重 ω_π，$\pi \in \{1, 2, \cdots, \Pi\}$，即

$$\omega_\pi = \frac{T_\pi}{T} \quad (\pi = 1, 2, \cdots, \Pi) \tag{6-14}$$

式中：T_π 为第 π 个聚类结果中包含的场景数量。

6.4　光伏节点电压保护阈值计算

光伏节点电压保护阈值计算的流程如图 6-5 所示。该过程的整定原则为：保证用户所在的负荷节点处电压满足安全限值的前提下，最大化消纳光伏发电。

基于上述原则，整定过程分为以下两个步骤：

（1）结合用户用电安全需求和电压质量标准，设置相应的电压上下限 V_{max} 和 V_{min}，针对上一节中的每一种场景，按照图 6-5 中的优化目标和约束条件，建立线性规矩模型，求解后，可以得到光伏的消纳功率 P_{pv}。

（2）根据步骤（1）中得到的光伏消纳功率 P_{pv} 和对应场景下的负荷功率 S_{load}，再次按照图 6-5 中光伏节点电压保护阈值差异化整定流程中的计算原理，得到各光伏节点的电压保护阈值。

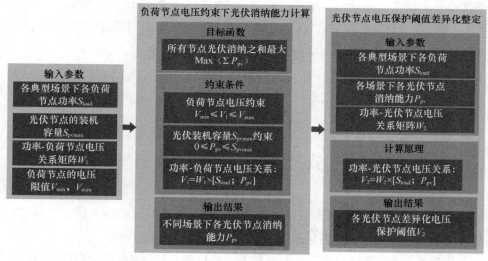

图 6-5　光伏节点电压保护阈值差异化整定流程

6.5　算例分析

6.5.1　线性近似模型估算精度检验

以 IEEE33 节点配电网系统为例，各节点的有功和无功负荷随机产生，各节点电压的参考值根据潮流计算获得。分别在拓扑结构和参数未知与已知两种条件下，构建本章 6.2 中的线性近似模型，估算节点注入功率已知时的各节点电压。两种条件下各节点电压估计值与基准值的误差分布如图 6-6 所示，从分布结果可以看出两种条件下的估计误差基本均小于±0.5%。对于额定电压 220V 的单相系统，换算为有名值后，能够保证估计误差基本位于±1.1V 以内，完全满足保护阈值整定所要求的计算精度。此外，图 6-6 右侧图形中估计误差只分布在正值范围的原因为：线路拓扑结构和参数均已知的情况下，第 3 节中的近似模型在理论上会出现估计值高于实际值的情况，导致误差均大于 0。

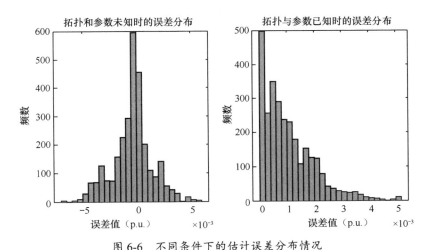

图 6-6　不同条件下的估计误差分布情况

针对拓扑结构和参数未知条件下的计算结果，进一步分析有功—电压和无功—电压系数矩阵 W_1 和 W_2，得到图 6-7 和图 6-8 所示的结果，从两图中可以看出，两个系数矩阵沿主对角线整体对称，与理论结果符合较好。同时，结合图 6-9 所示的系统拓扑结构可知，当节点越靠近线路末端时，节点注入功率对网络中各节点电压的影响程度越大。因此，如果仅从保证各节点电压质量的角度出发时，优先调控末端节点的注入功率（如光伏的输出功率）会具备更高的调控效率，能够利用较少的功率调节量实现电压调控目的。但这样会有损末端光伏所有者的利益，在实际中，需要在调控效率和调控公平性之间进行综合权衡。

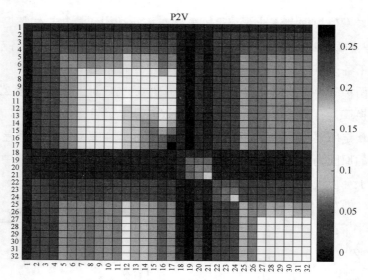

图 6-7 拓扑结构和参数未知时 W_1 的值

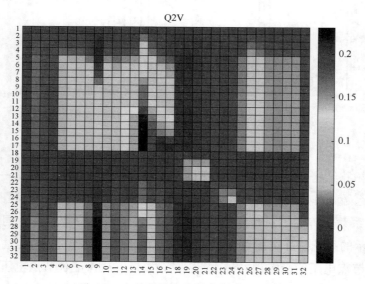

图 6-8 拓扑结构和参数未知时 W_2 的值

6.5.2 光伏节点电压整定结果与分析

本节以某低压台区的实际采样数据为基础，验证所提方法的有效性。由于低压配电网中的功率因数整体较高（整体在 0.95 以上），为提高方案的工程实用性，在本章 6.2 节的近似线性模型基础上进一步简化：忽略无功功率的影响，同时用电压和电流计算的视在功率代替有功功率。此外，由于低压配电网中单相和三相负荷混合存在，对于三相节点，将其看作 3 个独立的单相节点。

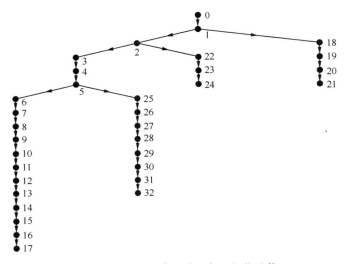

图 6-9　IEEE33 节点系统实际拓扑结构

（1）台区线性近似模型精度分析。当仅采用台区内各节点电压平均值和视在功率计算值构建台区线性近似模型时，核心在于计算功率—负荷节点电压关系矩阵 W_1。将现有数据分为两组，其中第一组为 5 月 6～10 日的数据，用于估算 W_1；第二组为 5 月 11、12 日的数据，用于检验估算结果的精度。最终，计算结果分别如图 6-10～图 6-13 所示。

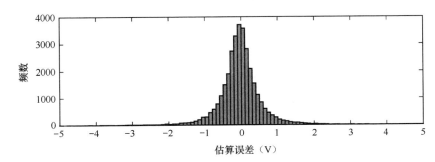

图 6-10　某分布式光伏台区电压误差分布情况（整体）

从图 6-10 可以看出，该台区的电压估计误差基本全部位于 ±2V 范围以内，证明该方案具有较高的估计精度。为更加清晰的对比估算结果，选择台区内一个典型场景，其估计值与实测值如图 6-11 所示，可以看出，台区的估算值和实测值符合较好，误差均小于±5V，进一步验证了方案的有效性。

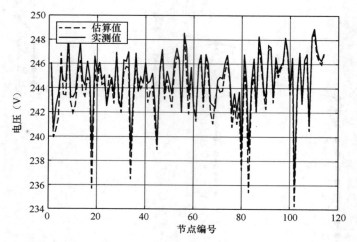

图 6-11　典型场景下台区内各节点电压估算值与实测值

（2）光伏节点电压保护阈值整定。

基于模型估算结果，首先对第一类节点（即含用户的节点）建立优化模型，并选取典型场景，计算台区中各光伏节点的最大消纳容量，计算结果如图 6-12 所示。

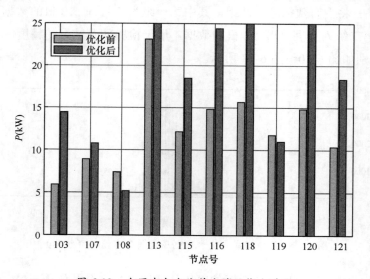

图 6-12　台区内各光伏节点消纳能力对比

　　从图 6-12 可以看出，当非光伏节点电压上限按照典型允许值设置时，台区能在保证非光伏节点电压不越限的前提下，进一步提高台区整体的光伏消纳能力。进一步的，将上述光伏节点的最大消纳能力作为光伏出力值，并连同非光伏节点原有的负荷，代入台区线性近似模型，计算此时系统中光伏节点的电压值，并将此作为保护阈值。

　　图 6-13 为光伏节点的计算结果，图中蓝色曲线所代表的实测值表示的是历史数据中出现的实际场景，将该场景下对应的电压最大值作为非光伏节点允许的电压上限值。红色曲线为光伏按照最大消纳能力接入时对应的各节点电压值。对比红色和蓝色曲线，可以看出红色曲线中的非光伏节点的电压均小于或等于蓝色曲线中非光伏节点电压的最大值，而红色曲线中的光伏节点电压显著高于原有的蓝色曲线，最终设定的电压保护阈值如表 6-1 所示，该阈值的可信度均

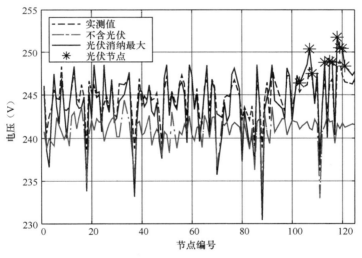

图 6-13　台区节点电压

表 6-1　　　　　　　　　　台区光伏节点电压保护阈值

节点号	阈值（V）	可信度	节点号	阈值（V）	可信度
103	246.4	88.1%	116	248.8	93.0%
107	250.4	90.8%	118	251.8	96.1%
108	247.5	85.0%	119	250.5	89.3%
113	248.6	91.7%	120	250.4	96.7%
115	249.0	95.5%	121	248.3	90.3%

不小于 85%，且大部分达到 90% 以上，这意味着按照该阈值整定时，对于历史数据中的 672 个场景，能够满足 571 次要求。该结果说明只需光伏节点处的电压不高于红色曲线中对应的值，即可保证非光伏节点的电压始终处于允许范围内。

6.6 本章小结

为提高光伏消纳率并保证其他负荷节点的电压满足要求，分布式光伏的电压限幅值需要结合实际运行条件差异化整定。为此，提出了一种电压保护阈值差异化整定方案，建立了低压配电网的近似线性模型，在不同典型场景下，结合配电网的近似线性模型和负荷节点的电压限值约束，通过线性规划模型，差异化整定各分布式光伏的电压限幅值。以实际台区为例进行了方案有效性验证，所提方案能在保证负荷节点电压质量的同时，有效提高台区光伏消纳能力。

此外，在电压保护阈值差异化整定过程中，在工程实际中还需要重点关注以下两个方面：

（1）估算网络线性近似模型时数据集的优化选择，数据集的大小应该与节点数量呈正相关，样本量至少应该与节点数相等，同时，可以重点选择白天时段和晚上用电高峰时段的数据构建网络模型。

（2）典型场景的选取方法还有待进一步优化，后期可以采用概率性场景缩减技术，以提高所选场景的代表性。

·第7章·
高比例光伏台区的电压就地控制策略

• 7.1 高比例光伏对低压台区的影响 •

在我国，配电网通常呈现"闭环设计，开环运行"的特征，对于低压台区更是多呈辐射状电网结构。当低压台区中接入大量分布式光伏发电系统后，会导致台区内部潮流和电压分布情况的变化。一个简单的辐射状低压台区电网结构如图 7-1 所示，图中节点 B 处接入分布式光伏发电系统和负荷，对应的电压为 $\dot{V}_b$，有效值大小记为 V_b；规定电流从线路流向节点 B 为正，从节点 B 注入线路为负，电流相量记为 $\dot{I}$，对应的有效值为 I，对应的有效值为 I；台区配电变压器等效为一个理想变压器和一个串联阻抗 $Z_T = R_T + \mathrm{j}X_T$，$\dot{V}_0$ 为理想变压器低压侧的电压，对应的有效值大小记为 V_0，$\dot{V}_1$ 为变压器的实际低压侧电压，对应的有效值大小记为 V_1；线路阻抗为 $Z_{line} = R + \mathrm{j}X$。

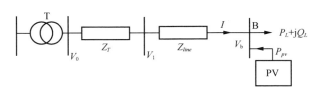

图 7-1　简化的低压台区结构示意图

根据图 7-1 可得导线上压降为

$$\Delta \dot{U} = (Z_T + Z_{line})\dot{I} \tag{7-1}$$

若节点 B 处流出节点的总功率为 $P+\mathrm{j}Q = P_L - P_{pv} + \mathrm{j}(Q_L - Q_{pv})$，则线路上的压降为

$$
\begin{aligned}
\Delta \dot{U} &= (Z_T + Z_{line})\dot{I} = (Z_T + Z_{line})\left(\frac{P + \mathrm{j}Q}{\dot{V}_b}\right)^* \\
&= \frac{P(R + R_T) + Q(X + X_T)}{\dot{V}_b^*} + \mathrm{j}\frac{P(X + X_T) - Q(R + R_T)}{\dot{V}_b^*}
\end{aligned}
\tag{7-2}
$$

以 $\dot{V}_b$ 为参考相量，则线路压降对应的纵分量和横分量分别为

$$\Delta U = \frac{P(R + R_T) + Q(X + X_T)}{V_b}$$

$$\delta V = \frac{P(X + X_T) - Q(R + R_T)}{V_b}$$

（7-3）

此时变压器高压侧电压相量及其有效值可以分别表示为

$$\dot{V}_0 = (V_b + \Delta U) + j\delta V \tag{7-4}$$

$$V_0 = \sqrt{(V_b + \Delta U)^2 + (\delta V)^2} \tag{7-5}$$

由于线路压降横分量 δV 很小，远小于 $V_b + \Delta U$，所以变压器低压侧电压有效值近似表示为

$$V_0 \approx V_b + \Delta U = V_b + \frac{P(R + R_T) + Q(X + X_T)}{V_b} \tag{7-6}$$

一般认为理想变压器低压侧电压 V_0 为已知量，并且为定值；负荷、光伏系统输出功率以及线路参数也为已知量，此时求解上述方程可得到节点 B 处的电压有效值为

$$V_b = \frac{V_0 + \sqrt{V_0^2 - 4[P(R + R_T) + Q(X + X_T)]}}{2} \tag{7-7}$$

需要注意的是，上述变量均为有名值，当选择 V_0 为电压基准值，S_b 为容量基准值时，则式（7-7）可以写成

$$v_b = \frac{1 + \sqrt{1 - 4[P_{pu}(r + r_T) + Q_{pu}(x + x_T)]}}{2} \tag{7-8}$$

式中：P_{pu} 和 Q_{pu} 分别为节点 B 处流出的净有功功率和无功功率标幺值；r 和 x 分别为线路电阻和电抗的标幺值；v_b 为节点 B 处电压大小的标幺值。

令等效的理想变压器二次侧线电压额定值 V_0=380V，基准容量设置为 50kVA，则系统阻抗基准值为 2.888Ω，同时设置系统中负荷有功功率标幺值为 0.5，即 25kW，功率因数为滞后的 0.9，分别分析负荷节点电压与线路阻抗，台区变压器容量和光伏渗透率之间的关系。

下面介绍不同光伏渗透率下，负荷节点电压分别与线路长度、台区变压器容量、导线规格的关系。

7.1.1　负荷节点电压与线路长度之间的关系

台区变压器额定容量设为 50kVA，参数如图 7-2 所示，折合到低压侧时的电阻和电抗分别为 R_T=0.0557Ω 和 X_T=0.128Ω，对应的标幺值 r_T=0.0193，x_T=0.0443。类似的，台区内低压线路的导线型号以 LGJ_95 为例，线路每千米单位长度的电阻标幺值为 0.118，电抗为 0.108。当线路长度从 0.1 增加到 1.5km，光伏渗透率从 0 增加到 100%（对应的节点净负荷从 0.5p.u.变化为−0.5p.u.，负号表示功率倒送，从节点 B 注入系统）时，负荷节点 B 的电压随节点净负荷和线路长度的变化情况如图 7-3 所示，从图中可以看出当负荷一定时，适当接入

额定容量（kVA）	电压组合				空载损耗（W）	负载损耗（W）	空载电流（%）	短路阻抗（%）	重量（kg）			轨距A×B（mm）	外形尺寸（mm）$L×W×H$
	高压（kV）	高压分接范围	低压（kV）	联结组标号					器身重	绝缘油重	总重		
30	6 6.3 10 10.5 11	±2 ×2.5%; or ±5%;	0.4	Dyn11	33	600	1.7	4.0	225	100	420	550×550	986×860×810
50					43	870	1.3		305	120	535	550×550	1016×810×840
63					50	1040	1.2		350	130	595	550×550	1056×820×865
80					60	1250	1.1		405	135	660	550×550	1044×865×860
100					75	1500	1.0		430	155	770	550×550	1110×880×815
125					85	1800	0.9		500	165	860	550×550	1146×880×950
160					100	2200	0.7		595	185	990	550×550	1206×880×985

图 7-2　10kV 级 SH(B)15 系列配电变压器典型参数

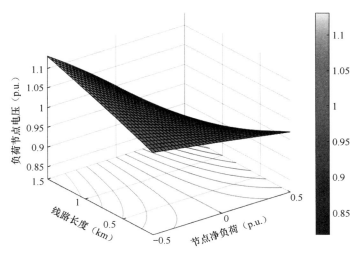

图 7-3　节点 B 处电压的变化情况

分布式光伏，可以改善系统的电压质量，但是当分布式光伏出力大于负荷之后，出现功率倒送，台区内节点电压开始上升。同时，节点电压对分布式光伏渗透率的变化更为敏感，而对于线路长度（阻抗）变化的敏感性相对较弱。这意味着，当台区内出现过电压时，降低分布式光伏与负荷之间的功率差值，将比减小线路阻抗更为有效。

7.1.2 负荷节点电压与台区变压器容量之间的关系

线路导线规格和节点 B 处的负荷保持不变，线路长度固定为 1km，台区变压器容量分别为 50、80kVA 和 100kVA 时，分布式光伏光伏渗透率从 0 增加到 100%（以 50kVA 为基准，对应的节点净负荷从 0.5p.u.变化为−0.5p.u.，负号表示功率倒送，从节点 B 注入系统）对应的负荷节点电压如图 7-4 所示。从图中可以看出，当台区内线路和负荷固定时，负荷节点电压主要受分布式光伏渗透率的影响，受台区变压器容量的影响较弱。这意味着，面对台区中夜间负荷高峰期的低电压或白天光伏高发时段的过电压问题，扩容台区变压器产生的效果极其有限。

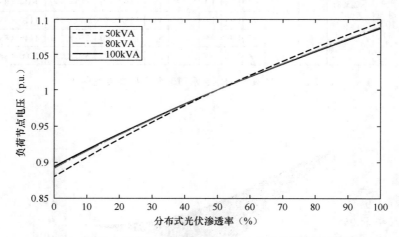

图 7-4　不同台区变压器容量下节点电压与光伏渗透率的关系

7.1.3 负荷节点电压与导线规格之间的关系

台区变压器容量保持为 50kVA，节点 B 处的负荷保持不变，线路长度固定为 1km，导线规格分别取 LJ_95，YJV_70 和 YJV_120，对应的线路参数如表 7-1 所示，分布式光伏光伏渗透率从 0 增加到 100%（以 50kVA 为基准，对应的节点净负荷从 0.5p.u.变化为−0.5p.u.，负号表示功率倒送，从节点 B 注入系统）对应的负荷节点电压如图 7-5 所示。从图中可以看出，当台区内线路长度、台区变压器容量和负荷固定时，负荷节点电压与分布式光伏渗透率和导线规格均有重要影响，尤其是分布式光伏出力与负荷之间差值较大时，节点电压与导线规格之间的关系更加密切。这意味着，面对台区中夜间负荷高峰期的低电压或白天光伏高发时段的过电压问题，升级改造台区内部的输电导线规格，可以起到较好的作用，但是该措施不仅投资高、工期长，而且施工期间会显著影响用户的正常供电。

表 7-1　　　　　　　　　　　　　　　导线参数表

导线规格	有名值		标幺值	
	$R(\Omega/km)$	$X(\Omega/km)$	$r(/km)$	$x(/km)$
LJ_95	0.340	0.311	0.118	0.108
YJV_70	0.190	0.268	0.0658	0.0928
YJV_120	0.106	0.153	0.0367	0.0530

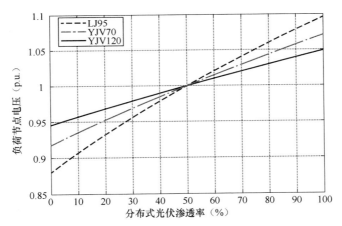

图 7-5　不同导线规格下节点电压与光伏渗透率之间的关系

上述三种简化的情形表明，台区内部过电压问题的根源为高比例分布式光伏出力与负荷不平衡，导致多余的出力无法就地消纳，产生功率倒送。过电压的程度主要受分布式光伏渗透率和线路阻抗影响，线路阻抗主要受线路长度和导线规格影响。对于已经存在的低压台区，为了治理过电压问题，无论是升级台区变压器还是升级改造线路，均不是理想的措施，前者对电压的改善程度极其有限，后者存在成本高、工期长和对用户供电连续性影响大等问题。因此，需要从提高分布式光伏就地消纳方面重点考虑，如配置储能，提高用户负荷需求响应积极性等。此外，在夜间无光伏出力时段的负荷高峰期，台区内部又容易出现低电压的情况，但是，在该情况下，扩容配电变压器的作用也极其有限，也可以通过就地配置储能等装置，利用储能对电能的时空转移能力，提高负荷高峰时段台区内部电能的就地供给量，改善低电压问题。

7.2 基于分布式光伏的台区电压控制策略

分布式光伏发电系统通常为用户自主购买的成熟商用产品，缺乏统一的规划和部署，因此，存在着单机容量大小不一、产品型号和品牌五花八门、安装时间和并网位置随机等特点。这些特点为有效管理海量分布式光伏发电系统参与有源配电网调压提出了新的挑战。此外，由于分布式光伏发电系统来自不同的生产厂家和品牌，在通信协议和控制接口开放程度等方面有所差别。分布式光伏发电系统的运行状态等参数难以直接获得，只能通过监测其输出的电压和电流等少量有限信息间接估算。为此，本章从低压台区实际条件出发，提出一种有限信息条件下的低压台区电压调节策略，对海量分布式光伏发电系统进行协调控制，在优先保证有功出力的前提下，利用剩余容量，有序实施电压调节。

7.2.1 整体策略

首先，将电压范围划分为 5 个区间，如图 7-6 所示，分别为 I 区为控制死区，II 和 IV 区为下垂控制区以及 III 和 V 区为恒功率控制区。当电压位于不同的区间时，分布式电源有功功率 P 和无功功率 Q 遵循不同的控制模式，具体为：

（1）当电压 V 处于 I 区时，即 $V_{L0} \leqslant V \leqslant V_{U0}$，分布式电源不需要对电压进行调控，因此无功功率保持为 Q_0，有功运行在 MPPT 状态，输出功率 P_{out} 记为 P_{MPPT}。

（2）当电压处于 II 区时，即 $V_{L1} < V < V_{L0}$，表明需要分布式电源通过增加输出有功功率或无功功率（或减小吸收的无

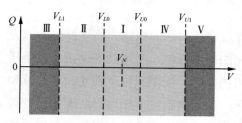

图 7-6 电压分区与无功下垂控制示意图

功）的方式进行调压。但是有功功率受光伏出力能力限制，最大只能达到 P_{MPPT}，所以主要应该依靠无功进行调压。无功功率输出值与电压之间的关系为

$$Q = Q_0 - k_1(V - V_{L0}), V_{L1} < V < V_{L0} \tag{7-9}$$

具体如图 7-7 所示。

式（7-9）中 Q_0 为分布式电源的初始无功功率，可能为正值、负值或者 0，k_1 为下垂系数，表示图 7-7 中 Ⅱ 区曲线的斜率，取值为 $k_1 = \dfrac{Q_{\max} - Q_0}{V_{L0} - V_{L1}}$，$Q_{\max}$ 受两个因素限制：①考虑分布式电源容量时的最大可用无功容量，取值为 $Q_{\max} = \sqrt{S_n^2 - P_{\text{MPPT}}^2}$；②考虑系统对分布式电源功率因数约束时的最大可用无

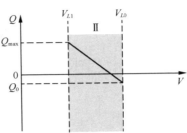

图 7-7　电压处于 Ⅱ 区时，输出的无功功率与电压的关系曲线

功容量，取值为 $Q_{\max} = P_{\text{MPPT}} \tan(\arccos\lambda)$，其中 λ 为允许的滞后功率因数限值。最终实际可用的最大无功容量为

$$Q_{\max} = \min\{P_{\text{MPPT}} \tan(\arccos\lambda), \sqrt{S_n^2 - P_{\text{MPPT}}^2}\} \tag{7-10}$$

（3）当电压处于 Ⅳ 区时，即 $V_{U0} < V < V_{U1}$，表明需要分布式电源通过减小输出有功功率或无功功率（或增加吸收的无功）的方式进行调压。但是，为了充分利用可再生能源，应优先使用无功进行调压，只有当无功不能满足调压要求后再利用有功进行调压。调压过程如图 7-8 所示，其中黑色线 A–B–C–D 为无功—电压静态特性曲线，红色线 E–B–C–F 为有功—电压静态特性曲线。B 点对应的 $Q_{\min}$ 为

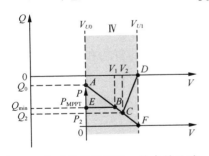

图 7-8　电压处于 Ⅳ 区时，输出的无功、有功功率与电压的关系曲线

$$Q_{\min} = \max\{-P_{\text{MPPT}} \tan(\arccos\lambda), -\sqrt{S_n^2 - P_{\text{MPPT}}^2}\} \tag{7-11}$$

其中 λ 为允许的超前功率因数限值（取绝对值），C 点对应的 Q_2 和 P_2 满足的关系为 $\dfrac{P_2}{\sqrt{P_2^2 + Q_2^2}} = \lambda$，$\sqrt{P_2^2 + Q_2^2} = S_n$。A–B–C–F 的斜率为

$$k_2 = \frac{P_{\text{MPPT}} - Q_{\min} + Q_0}{V_{U1} - V_{U0}} \tag{7-12}$$

在整个Ⅳ区中，分布式电源输出的有功、无功与电压的关系为

$$
Q = \begin{cases} Q_0 - k_2(V - V_{U0}), AB段: \begin{cases} V_{U0} < V < V_{U1} \\ -\sqrt{S_n^2 - P^2} < Q_0 - k_2(V - V_{U0}) \end{cases} \\ -\sqrt{S_n^2 - P^2}, BC段: \begin{cases} V_{U0} < V < V_{U1} \\ -\sqrt{S_n^2 - P^2} \geqslant Q_0 - k_2(V - V_{U0}) \\ -\sqrt{S_n^2 - P^2} > -P\tan(\arccos\lambda) \end{cases} \\ -P\tan(\arccos\lambda), CD段: \begin{cases} V_{U0} < V < V_{U1} \\ -\sqrt{S_n^2 - P^2} \leqslant -P\tan(\arccos\lambda) \end{cases} \end{cases} \quad (7\text{-}13)
$$

$$
Q = \begin{cases} P_{\text{MPPT}}, EB段: \begin{cases} V_{U0} < V < V_{U1} \\ \sqrt{S_n^2 - Q^2} > P_{\text{MPPT}} \end{cases} \\ k_2(V_{U1} - V), BC段: \begin{cases} V_{U0} < V < V_{U1} \\ \sqrt{S_n^2 - Q^2} = P \end{cases} \\ k_2(V_{U1} - V), CF段: \begin{cases} V_{U0} < V < V_{U1} \\ -\sqrt{S_n^2 - P^2} > -P\tan(\arccos\lambda) \end{cases} \end{cases} \quad (7\text{-}14)
$$

（4）当电压处于Ⅲ时，即 $V \leqslant V_{L1}$，分布式电源已达到最大电压调控能力，此时无功和有功均达到分布式电源的最大允许值。

（5）当电压处于Ⅴ区时，即 $V \geqslant V_{U1}$，分布式电源的有功和无功均已减小为 0，相当于脱网状态。

根据上述五个控制区中的运行模式，最终每个周期的控制流程图如图 7-9 所示。

7.2.2　各电压控制区的划分

根据低压配电网电压标准中相关要求，V_{U1} 可以设置为 1.1，V_{L1} 可以设置为 0.93。V_{U0} 和 V_{L0} 的值可以结合电压历史数据的分布规律按照一定的分位数进行确定，如 $P(V_{L0} \leqslant V \leqslant V_{U0}) = 1 - \alpha$（$\alpha$ 取 0.1）表示电压 V 处于 $V_{L0} \leqslant V \leqslant V_{U0}$ 区间内的概率为 0.9，意味着大约有 90% 的时间，电压始终处于调节死区，不需要分布式电源进行调控。

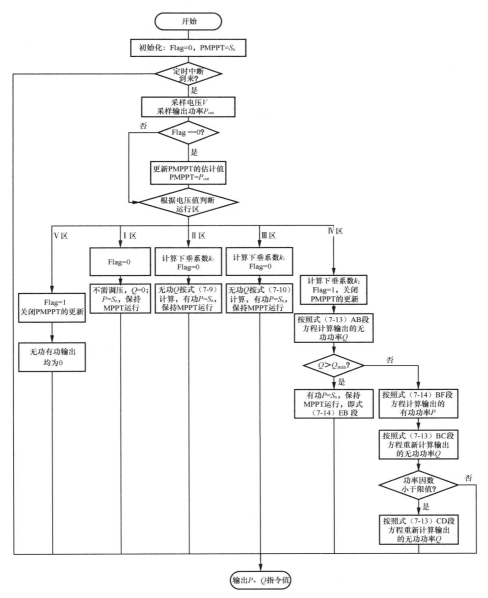

图 7-9 每个周期的控制流程图

7.2.3 分布式电源 P_{MPPT} 的确定

电压值处于 Ⅰ～Ⅲ区时，分布式电源均处于 MPPT 运行状态，所以可以认为实际的输出功率 P_{out} 即为 P_{MPPT}，进而确定无功环节的下垂系数 k_1。当电压处于Ⅳ和Ⅴ区时，在分布式电源实施调控前（Flag=0，即第一次检测到电压处于该区间），读取实际输出功率 P_{out}，并将其作为 P_{MPPT} 参与计算下垂系数 k_2，同时将 Flag 置 1，固定该下垂系数不变，直到电压离开该区域后再次重新进入该区。在此期间，如果分布式电源因光照等条件变化而导致理论 P_{MPPT} 变化时，下垂系数 k_2 也依然保持不变。

此外，考虑到指令值与实际输出值之间可能存在误差，所以在实际运行中，有功功率 P 的计算结果应根据实际输出功率 P_{out} 转换成分布式电源应该调节的功率值 $dP=P-P_{out}$，正值表示增加输出，负值表示减小输出。

7.2.4 仿真结果

在 matlab/simulink 中搭建仿真模型验证本节所提策略的有效性。仿真模型中负荷和分布式光伏总的有功功率和无功功率变化曲线如图 7-10 所示，图中正值表示功率从电网到负荷，负值表示功率从负荷送到电网。

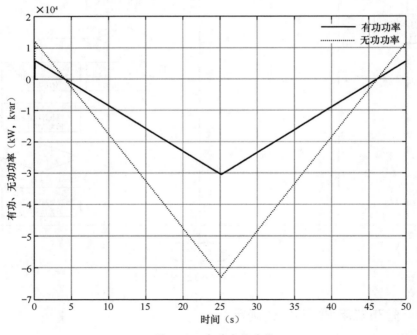

图 7-10 负荷变化曲线

在上述负荷作用下并网点的电压曲线如图 7-11 所示，可以看出原始电压曲线超过控制死区，分布式光伏的逆变器需要参与电压控制。当采用本节所提控制策略后，节点电压曲线如图 7-11 中红色曲线所示，可以看出，节点电压已处于最高限制范围内，实现了电压控制效果。同时，在该下垂控制作用下，光伏逆变器实际输出有功功率与无功功率和对应的有功和无功指令分别如图 7-12 和图 7-13 所示。

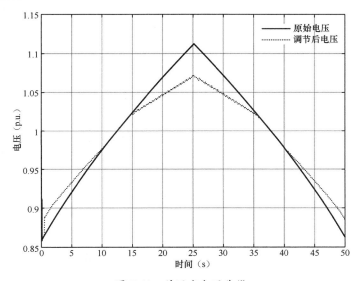

图 7-11　并网点电压曲线

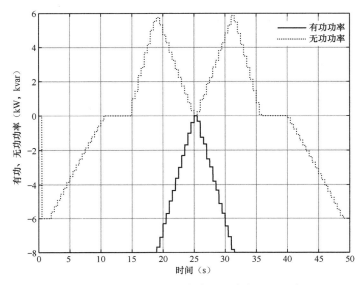

图 7-12　光伏逆变器输出有功功率与无功功率

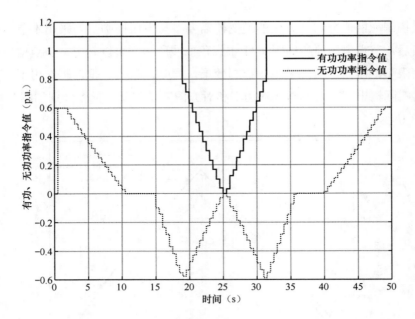

图 7-13　光伏逆变器有功功率和无功功率的指令值

7.3　基于分布式储能的电压就地控制策略

7.3.1　系统调压需求量的计算

首先，根据历史数据进行电压灵敏度估算。根据台区节点电压和功率等历史运行数据，拟合式（7-15）中的参数 A、B、C、D 和 E。

$$V_m = AV_N + BP_T + CQ_T + DP_m + EQ_m \qquad (7\text{-}15)$$

式中：V_m 为节点 m 的电压；V_N 为台区变压器低压侧电压；P_T 为台区变压器低压侧有功功率；Q_T 为台区变压器低压侧无功功率；P_m 为节点 m 消耗的有功功率，负值表示发出；Q_m 为节点 m 消耗的无功功率，负值表示发出。

其次，计算功率需求量，具体算法如式（7-16）所示，ΔV_m 为电压目标值减去电压实测值。式（7-16）表示的是单独利用有功功率或无功功率进行调压时的需求量，当同时利用有功功率和无功功率时，应该为它们的线性组合。

$$\Delta P = \frac{\Delta V_m}{B + D}$$

$$\Delta Q = \frac{\Delta V_m}{C + E} \tag{7-16}$$

最终有功功率和无功功率组合需求量为式（7-16）的线性组合，如式（7-17）所示

$$\begin{cases} P = P_n + (1 - \lambda) \cdot \Delta P \\ Q = Q_n + \lambda \cdot \Delta Q \end{cases} \tag{7-17}$$

式中：P_n 和 Q_n 分别为储能在参与电压调控前的有功功率和无功功率。

7.3.2 储能功率指令的计算

根据储能出力能力，整体可以分为两种情形：①可以完全满足调压需求；②不能完全满足调压需求。针对这两种不同的情形，储能功率指令的具体计算方法如下。

情形 1：判据为 $|\Delta P \cdot Q_n + \Delta Q \cdot (P_n + \Delta P)| \leqslant \Delta S \cdot S_N$。此时，调压需求容量小于储能出力能力，可以实现完全补偿。储能有功功率 P 和无功功率 Q 的指令按照式（7-18）进行计算，式中系数 λ 的上下限值如式（7-19）和式（7-20）所示，即

$$\begin{cases} P = P_n + (1 - \lambda) \cdot \Delta P \\ Q = Q_n + \lambda \cdot \Delta Q \end{cases} \tag{7-18}$$

$$\lambda_{\min} \leqslant \lambda \leqslant \lambda_{\max} \tag{7-19}$$

$$\lambda_{\max,\min} = \frac{\Delta P \cdot (P_n + \Delta P) - \Delta Q \cdot Q_n \pm \sqrt{\Delta S^2 S_N^2 - [\Delta P \cdot Q_n + \Delta Q \cdot (P_n + \Delta P)]^2}}{\Delta S^2} \tag{7-20}$$

需要注意的是，式（7-19）和式（7-20）呈现了储能功率指令的所有可能。当参数 λ 取 $[\lambda_{\min}, \lambda_{\max}]$ 区间内不同的值时，储能有功和无功的调整量、最终输出量以及功率因数等参数均会不同，甚至充放电状态也会发生改变，对储能自身产生不同的影响。因此，在满足系统调压需求的同时，还应进一步优化参数 λ 的取值，以兼顾储能的运行需求。为便于说明，结合图 7-14 阐述该情形中不同调控模式下，参数 λ 的整定方法。图 7-14 中带箭头的黑色向量表示储能当前的出力状态，a 点为储能当前的运行点，对应的有功功率和无功功率分别为 P_n 和

Q_n，正值表示吸收，负值表示发出；图中的圆形为储能的功率圆图，代表了储能的极限运行边界；ΔP 和 ΔQ 为式（7-16）计算的系统调压需求结果。假设储能可以在功率圆图内四象限全区域运行，结合储能特性和运行规则要求，初步设计四种调控模式。

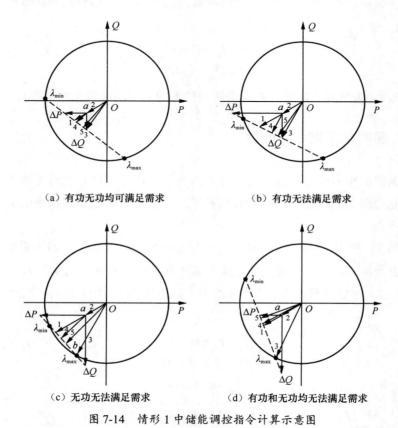

图 7-14　情形 1 中储能调控指令计算示意图

调控模式 1：恒定功率因数调控模式。在该模式下，储能出力调整前后，保持功率因数不变。响应系统调压需求时的有功功率和无功功率调整量，如图 7-14 中向量 1 所示，其斜率与当前出力（向量 2）对应的斜率一致。此时参数 λ 的取值为

$$\lambda = \begin{cases} \dfrac{\Delta P \cdot Q_n}{\Delta P \cdot Q_n + \Delta Q P_n} & (Q_n \text{与} P_n \text{不同时为0}) \\[2mm] \dfrac{\Delta P \cdot \tan\theta}{\Delta P \cdot \tan\theta + \Delta Q} & (Q_n \text{与} P_n \text{同时为0}) \end{cases} \quad (7\text{-}21)$$

式中：θ 为指定的功率因数所对应的功率因数角，为已知量。

调控模式 2：无功优先模式。在该模式下，储能总是优先调用无功资源满足系统调压需求，而尽量少的采用有功功率。同时，考虑到储能还可能需要保持一定的充、放电功率，结合图 7-14 又可以分为两类。

（1）$|\Delta Q+Q_n|\leqslant S_N$，则参数 λ 的取值如式（7-22）所示，储能调整后的有功功率和无功功率对应图 7-14（a）和（b）中向量 3。

$$\lambda = 1, |\Delta Q + Q_n| \leqslant S_N \qquad (7\text{-}22)$$

（2）$|\Delta Q+Q_n|>S_N$，此时，为响应系统调压需求，仅靠无功功率已无法满足要求，有功功率也需要进行一定的调整。但为了保证仍然优先利用无功功率，参数 λ 的取值如式（7-23）所示，储能调整后的有功功率和无功功率对应图 7-14（c）和（d）中向量 3。

$$\lambda = \lambda_{\max}, |\Delta Q + Q_n| > S_N \qquad (7\text{-}23)$$

调控模式 3：有功优先模式。在该模式下，储能总是优先调用有功资源满足系统调压需求，而尽量少的采用无功功率。结合图 7-14 也可以分为两类。

（1）$|\Delta P+P_n|\leqslant S_N$，则参数 λ 的取值如式（7-24）所示，储能调整后的有功功率和无功功率对应图 7-14（a）和（c）中 ΔP 向量的终点。

$$\lambda = 0, |\Delta P + P_n| \leqslant S_N \qquad (7\text{-}24)$$

（2）$|\Delta P+P_n|>S_N$，此时，为响应系统调压需求，仅靠有功功率无法满足要求，无功功率也需要进行一定的调整。但为了保证仍然优先利用有功功率，参数 λ 的取值如式（7-25）所示，储能调整后的有功功率和无功功率对应图 7-14（b）、（d）中 $\lambda_{\min}$ 点。

$$\lambda = \lambda_{\min}, |\Delta P + P_n| > S_N \qquad (7\text{-}25)$$

调控模式 4：最小增量调节模式。该模式旨在满足调压目的的同时，最小化储能的有功功率和无功功率调节量，以降低对系统潮流的影响。该模式下，储能有功功率和无功功率的调整量如图 7-14 中向量 4 所示，该向量在几何上与图 7-14 所对应的直线方程（图中的黑色虚线）垂直。参数 λ 的取值为

$$\lambda = \left(\frac{\Delta P_n}{\Delta S_n}\right)^2 \qquad (7\text{-}26)$$

调控模式 5：最小位置调节模式。模式 4 中虽然做到了调节增量最小，但是由于该增量所对应的向量方向未必与原始向量方向相同，导致与原始向量叠

加之后未必最小，而模式 5 提出的最小位置调节模式旨在满足系统调压需求的同时，使储能始终输出尽可能小的有功功率和无功功率，尽量降低储能的容量利用率。该模式下每次调节完成后，输出的有功功率和无功功率如图 7-14 中向量 5 所示。此时，参数 λ 的取值如式（7-27）所示。

$$\lambda = \frac{\Delta P \cdot P_n - \Delta Q \cdot Q_n + \Delta P^2}{\Delta S^2} \tag{7-27}$$

情形 2：判据为 $\left|\Delta P \cdot Q_n + \Delta Q \cdot (P_n + \Delta P)\right| > \Delta S \cdot S_N$，此时，调压需求容量大于储能容量，无法实现完全补偿，但可以尽储能最大能力尽量满足系统调压需求，使电压偏差最小，如图 7-15 所示。基于该原则，储能功率指令计算方法为：①采用位置调控模式时，储能有功功率 P 和无功功率 Q 的指令分别如式（7-28）所示，式中的系数 λ 和 β 的计算方法分别如式（7-29）和式（7-30）所示；②采用增量调控模式时，储能有功功率调节量为 $dP = P - P_n$，无功功率调节量为 $dQ = Q - Q_n$，P 和 Q 分别为

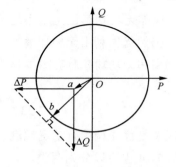

图 7-15　情形 2 中储能调控指令计算示意图

$$\begin{cases} P = \beta(P_n + (1-\lambda) \cdot \Delta P) \\ Q = \beta(Q_n + \lambda \cdot \Delta Q) \end{cases} \tag{7-28}$$

$$\lambda = \frac{\Delta P \cdot P_n - \Delta Q \cdot Q_n + \Delta P^2}{\Delta S^2} \tag{7-29}$$

$$\beta = \frac{S_N}{\sqrt{[P_n + (1-\lambda) \cdot \Delta P]^2 + (Q_n + \lambda \cdot \Delta Q)^2}} \tag{7-30}$$

7.3.3　储能 SOC 的控制

当储能主要面向治理台区低电压问题时，为改善储能运行经济性，还可以让储能叠加峰谷套利运行模式。具体为：夜间电价低谷期间（如 0:00～6:00）对储能进行充电，充电终末 SOC 为 90%。而在夜间用电高峰期（如 19:00～21:00），可以适当增加有功参与调压的比例，以实现调压和套利的双重目的。在其他时间以调压目的为主，只有当 SOC 低于 30%，且时间位于 19:00 之前时，再进行适当的充电，使 SOC 恢复至 50%。

• 7.4　本章小结 •

　　本章首先分析了分布式光伏对低压台区的影响情况，指出台区内部过电压问题的根源为高比例分布式光伏出力与负荷不平衡，导致多余的出力无法就地消纳，产生功率倒送。过电压的程度主要受分布式光伏渗透率和线路阻抗影响，线路阻抗主要受线路长度和导线规格影响。然后，面对分布式光伏发电系统来自不同的生产厂家和品牌，在通信协议和控制接口开放程度等方面有所差别；分布式光伏发电系统的运行状态等参数难以直接获得，只能通过监测其输出的电压和电流等少量有限信息间接估算等难题，提出一种有限信息条件下的低压台区电压调节策略，对海量分布式光伏发电系统进行协调控制，在优先保证有功出力的前提下，利用剩余容量，有序实施电压调节。最后，针对光伏调压可能面临弃光的问题，再加上分布式储能成本的降低，又提出了一种分布式储能参与电压就地调节的策略，该策略首先基于台区的近似线性模型，计算调压需求量，然后控制储能输出对应的功率实现调压的目的。

第 8 章

基于神经网络的分布式光伏并网异常状态研判

近年来，随着光伏发电技术的不断成熟和应用的广泛推进，光伏并网系统已成为清洁能源领域的热点研究之一。然而，光伏并网系统在实际运行中面临着各种潜在的异常情况，这些异常不仅可能影响系统的安全稳定运行，还可能降低光伏发电的效率。因此，对光伏并网系统中的异常进行准确、及时的检测与分析显得尤为重要。

国内对基于光伏并网点量测数据的异常研判的研究取得了一系列显著进展。由于光伏发电的不确定性和复杂性，国内的研究团队积极探索如何准确捕捉并合理处理光伏并网点的量测数据异常，以提高系统的监测和运行效能。

在我国，对于异常辨识的研究主要集中在光伏阵列领域，研究者们通常采用相对简单的方法进行电能质量的研判。然而，针对光伏并网点的具体异常研判方面，目前的研究相对较为有限。

光伏并网点异常辨识的方法多集中在电能质量的简单评估上，而对于深层次的异常状况辨识的研究相对不足。一些现有的研究可能采用传统的统计学方法或规则基础的系统来检测异常，但这些方法可能无法覆盖光伏并网点异常的多样性。

另外，关于数据预处理方面的研究，当前的研究主要侧重于光伏阵列的数据处理，如去噪、平滑等。然而，对于光伏并网点的数据预处理方面的研究相对鲜有涉及。这可能导致在异常研判中存在较大的误差和局限性。

在国外，基于光伏并网点量测数据的异常量化方法以及智能监控系统的研究领域也取得了一系列显著的进展。国际研究团队在利用先进技术和方法处理光伏系统中的数据异常方面表现出色。

然而，国外的研究也面临一些挑战。尽管研究团队在应对不同气象条件和数据异构性等方面面临的挑战上取得了一些进展，但对于光伏并网系统中特定异常状态的深入研究相对较少。现有的研究主要侧重于系统整体性能的提升，而对于个别异常状态的详细分析和解决方案尚未得到充分的关注。其次光伏系统涉及多种数据源，包括气象数据、电力负荷信息等，而这些数据类型的异构性给数据整合和分析带来了挑战。在处理这些数据异构性方面，需要更为灵活和高效的方法。

在技术标准和政策环境方面，需要更好地协调，以促进全球光伏并网技术的一体化发展。这些不足表明光伏并网系统研究在不断进步的同时，仍需致力于解决一些具体而复杂的问题，以实现系统性能的全面提升。

总体而言，国外在基于光伏并网点量测数据的异常量化方法和智能监控系统方面的研究取得了显著的进展，为我国在这一领域的深入研究提供了宝贵的经验和启示。

因此，进行异常辨识对于分布式光伏并网系统具有重大意义。随着我国能源转型目标的明确和分布式光伏装机容量的快速增长，异常辨识成为确保电网运行安全、提高光伏消纳效率、实现可持续发展的关键环节。

首先，异常辨识是确保电网运行安全的必要手段。在分布式光伏并网系统中，由于光伏发电的波动性和不确定性，可能引发电压波动、电流失衡等问题，进而影响电网的稳定性和可靠性。通过异常辨识技术，能够及时识别并解决潜在的异常情况，防范电网运行中可能出现的安全隐患，确保电力系统平稳运行。

其次，异常辨识对提高光伏消纳效率至关重要。分布式光伏系统的接入规模庞大，但其出力的波动性使得光伏发电的可控性较低。通过异常辨识，可以更准确地获取光伏发电系统的实时状态，优化电力调度，实现对光伏出力的有效调控，从而提高光伏能源的消纳效率。异常辨识还有助于实现电网的可持续发展。通过及时发现和纠正分布式光伏系统中的异常情况，可以提高电网的智能化程度，降低运维成本，增加系统的鲁棒性。在能源转型大背景下，建设智能、灵活、高效的电力系统势在必行，异常辨识技术的应用将为电网的可持续发展提供关键支持。

开展基于光伏并网点量测数据的异常量化方法研究，构建智能监控系统，不仅有助于解决当前分布式光伏并网系统面临的挑战，更是实现清洁能源高比例消纳和电网安全稳定运行的关键举措。异常辨识技术的应用将为光伏发电系统的可靠性、稳定性和经济性提供全面保障，对推动我国能源产业的绿色升级和可持续发展具有深远的战略意义。

8.1　光伏并网异常状态分析

8.1.1　电压越限

在光伏并网系统中，电压越限问题是一项需要深入探讨的重要议题。这一问题的产生主要源于光伏系统运行中的各种复杂因素，对电力系统的稳定性和设备正常运行构成潜在威胁。

光伏系统中引起电压越限的原因多种多样。首先，光伏功率的瞬时波动是一个关键因素。由于受到日照和天气等因素的影响，光伏系统的输出功率可能会发生剧烈变化，从而导致电网中的电压水平瞬时上升。其次，光伏逆变器的响应时间有限，未能及时调整可能导致电压变化不稳定。并且当光伏系统的发电量超过电网处理能力时，电网无法吸收全部电能，致使电压升高。

电压是电力系统中维持稳定运行的关键参数，对设备和系统的正常运行至关重要。电压越限是相对容易监测和测量的异常状态，配备有电压传感器的电网可以实时获取电压信息，并且可能对电力设备造成损害，因此成为异常状态指标有助于及时采取措施，保护设备免受潜在危害，这使得电压越限被选为异常状态指标，其判断指标在 1.07p.u.～0.9p.u.以内。

为了判断和监测电压越限，系统采用实时监测和设定阈值的方法。通过电压传感器实时监测电网中的电压水平，并设定电压的上下限阈值，一旦电压超过设定范围，系统即判定为电压越限。同时，系统还配备了报警系统，以便在检测到电压越限时及时通知运维人员或自动化系统采取相应的措施。

电压过高或过低可能对电力设备造成损害，影响设备寿命和性能。并且电压越限可能导致电网不稳定，引发电力系统的不正常运行，影响电能质量，给用户带来不稳定的用电环境。

通过全面分析电压越限问题，可以更好地理解其原因、选择作为异常状态指标的合理性，以及监测和判断的方法，为光伏并网系统的稳定运行提供必要的信息和对策。

8.1.2　电压三相不平衡

在光伏并网系统中，光伏逆变器的运行和输出特性可能导致电网的三相不平衡，这一现象体现在电流和电压在三相之间的不均衡分布。光伏逆变器的非线性特性是主要原因之一，它在将直流转换为交流时引起电流和电压的不同步。同时，光伏系统的输出受到日照条件和天气变化的影响，可能导致光伏功率瞬时波动，从而导致电流在三相之间的不均衡。

影响三相不平衡的因素还包括光伏逆变器响应时间和控制方式的差异。不同类型和品牌的逆变器具有不同的响应特性，可能在电流输出上存在一定的不对称性，导致三相电流不平衡。

三相不平衡可能带来多方面的危害，不平衡的电流分布可能导致电网中的设备过载，降低电力系统的稳定性，并且引起电网中的功率损耗增加，影响电能的传输效率。不平衡的电流还可能导致设备寿命缩短，增加电力系统的维护成本。

我国低压配电网供电基本都采用三相四线制结构，如图 8-1 所示。低压用户报装时一般按照报装容量考虑接入相序保证系统相对平衡，但是各相接入负载在不同时间使用量不同，受季节和用电习惯影响，三相负荷不可能存在全时的理想稳定。这些因素导致低压配电网三相不平衡问题的普遍以及难以根治的情况。

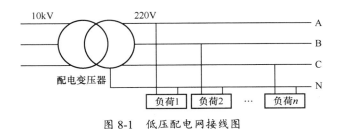

图 8-1　低压配电网接线图

我国规定了三相不平衡电压因子 V_{UF} 为

$$V_{UF} = \frac{100}{\sqrt{3}} \cdot \frac{\sqrt{(V_a - V_b)^2 + (V_b - V_c)^2 + (V_c - V_a)^2}}{V_{average}} \qquad (8\text{-}1)$$

式中：V_{UF} 是电压不平衡因子，通常以百分比表示；V_a、V_b、V_c 分别为三:（A、B、C 相）的电压幅值；$V_{average}$ 为三相电压幅值的平均值。

配电网产生电压三相不平衡的原因：①基础网络结构单一；②负荷性质差别较大；③单相负荷数量剧增；④监管力量缺失。

光伏逆变器的非线性特性和输出功率波动是导致电流和电压三相不平衡的主要原因。这一问题的影响因素涉及光伏逆变器的工作方式和响应特性差异。三相不平衡可能对电力系统稳定性、传输效率和设备寿命产生不利影响，因此采用对称分量法进行计算和判断成为必要的手段。

8.1.3　谐波异常状态

光伏发电系统中谐波主要由光伏逆变器产生。光伏逆变器是光伏发电系统的核心组件，其将光伏阵列发出的直流电逆变成交流电，进而并入电网。逆变器多通过控制电力电子开关设备的通断实现直流电到交流电的变换，由于逆变过程中开关元件存在死区，逆变器实际输出电流中会含有一定量谐波。同时，由于光伏阵列输出会受到外界条件的影响，光伏发电系统往往不会一直工作在额定状态，而逆变器谐波含量随负载减轻上升，在光照较弱时，光伏发电系统将成为一个谐波源。

谐波是电力系统中一种常见的电压和电流波动，其频率为基波的整数倍。谐波的存在可能对电力系统带来多方面的危害。谐波可能导致电力设备内部电流和电压的畸变，这对设备的正常运行造成损害。特别是在感性负载，如电动机和变压器等设备中，谐波的存在可能加速其老化过程，引发故障。并且谐波会引起电能在系统中的损耗增加，由于谐波导致电流和电压波形的变形，系统中将会产生额外的电能损耗。这不仅会导致能源的浪费，还可能增加电力系统的运行成本。

此外，谐波可能对电力系统的稳定性产生负面影响。高级别的谐波可能导致电力系统的振荡和不稳定，影响系统的可靠性。这可能对系统中的其他设备和设施造成进一步的损害，甚至引发系统崩溃。

为了减轻谐波对电力系统的危害，通常需要采取一系列的措施，包括使用谐波滤波器、改善电力设备的设计以减小谐波产生，以及加强对电力系统的监测和维护等。这些措施有助于提高电力系统的稳定性，降低能源损耗，并保护电力设备免受谐波的不良影响。

但由于并网光伏逆变器拓扑结构与有源电力滤波器结构基本一致，其不仅能作为光伏并网的能量转换装置，还存在谐波治理的可能性。在电网实际运行过程中，可以充分利用光伏逆变器容量裕度（即光伏逆变器闲置容量），使其在发电的同时对系统中存在的谐波进行抑制，让光伏从谐波源变成谐波治理装置。既可以提升光伏逆变器容量的利用效率，又可以充分发挥分布式光伏接入位置分散的优势，有效提高电网电能质量。

基本原理如图 8-2 所示，提取并网点谐波电流，将有功部分与逆变器基波有功电流参考值叠加，作为电流内环有功参考电流，将无功部分作为电流内环无功参考电流。

针对谐波治理，在按照自适应功率控制策略进行有功、无功控制后，利用剩余容量进行并网点谐波治理。

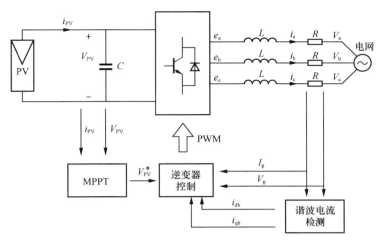

图 8-2 基于光伏逆变器的电网谐波优化原理图

逆变器自适应功率控制策略分为 4 种工作模式：①正常工作模式；②最大功率点跟踪控制模式；③自适应功率削减控制模式；④电能质量提升控制模式。自适应功率削减控制模式又可再细分为电压越上限有功削减模式和电压越下限有功削减/维持模式。其容量分配情况和控制流程分别如图 8-3 和图 8-4 所示。

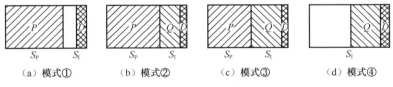

（a）模式①　　　（b）模式②　　　（c）模式③　　　（d）模式④

图 8-3 逆变器容量分配情况示意图

当配电网电压并未越限时，光伏逆变器正常工作，按最大功率输出有功，同时利用剩余容量抑制并网点谐波。

当光伏并网点发生电压越限，选择合适的工作模式进行治理。有光照时，光伏逆变器首先考虑采用闲置容量进行电压越限治理，保持工作于最大功率点跟踪模式，仅通过无功下垂控制进行电压支撑。无功功率可调节范围为

$$-\sqrt{S^2 - P^2} \leqslant Q \leqslant \sqrt{S^2 - P^2} \tag{8-2}$$

式中：P 为光伏当前发出的有功功率；Q 为逆变器可以用于无功支撑的无功功率。

若系统容量充足，在电压越限治理后，可进一步利用剩余容量进行谐波抑

制，畸变功率可调节范围为

$$-\sqrt{S^2 - P^2 - Q^2} \leqslant D \leqslant \sqrt{S^2 - P^2 - Q^2} \qquad (8\text{-}3)$$

式中：D 为逆变器可以用于谐波治理的畸变功率。

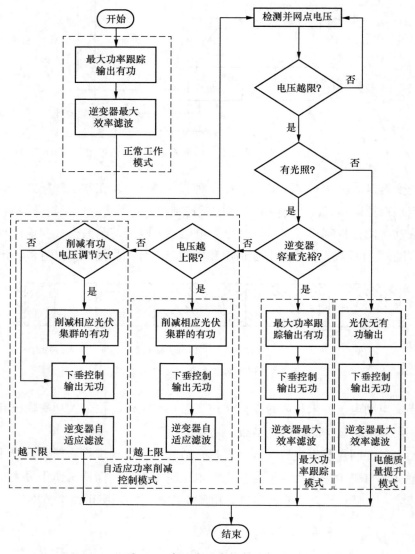

图 8-4　自适应功率控制流程图

如系统中容量缺额较大，仅通过采用剩余容量增发无功功率的方式不足以使电压保持在正常工作范围，则进入有功削减控制模式，通过削减光伏逆变器的部分有功输出，释放出更多容量进行电压越限治理和谐波抑制。当并网点电压越上限时，进行有功削减直至电压恢复至正常范围。当并网点电压越下限时，则需比较削减有功释放容量进行电压支撑与被削减有功自身电压支撑效果，决定是否进行有功削减。

无光照时，光伏无有功输出，光伏逆变器运行于电能质量提升控制模式，相当于静止同步补偿器（static synchronous compensator，STATCOM）+有源电力滤波器（active power filter，APF），利用逆变器的全部容量进行动态无功支撑及并网点谐波抑制。维持并网点基波电压在合理范围内，同时减小并网点谐波电流。

（1）正常工作模式。当光伏并网点未发生电压越限时，无需利用光伏逆变器闲置容量发出无功调节电压，光伏直流侧电压工作于最大功率点，闲置容量全部用于并网点谐波电流抑制。

（2）最大功率跟踪控制模式。当光伏并网点电压越限，但逆变器容量充足时，仅通过无功功率 $Q(U)$ 下垂控制调节并网点电压，有功功率仍按最大功率输出。

如图 8-5 所示系统，并网点 Bus_1 处的电压可表示为

$$U = kU_0 + \frac{kP_1R + kQ_1X}{U_0} + \mathrm{j}\frac{kP_1X - kQ_1R}{U_0} \tag{8-4}$$

式中：U 为并网点电压；U_0 为电网电压，即 Bus_0 处的电压；k 为变压器的变比；$P_1 + jQ_1$ 为线路上流向电网的功率总和。

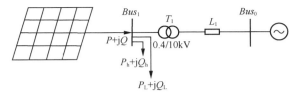

图 8-5　光伏并网简化系统结构图

此时，根据并网点电压幅值和闲置容量确定无功下垂控制参考值，得到表达式

$$Q_{\text{ref}} = \begin{cases} Q_{\max}, U < U_1 \\ \dfrac{Q_{\max}}{U_1 - U_2}(U - U_1) + Q_{\max}, U_1 \leqslant U \leqslant U_2 \\ 0, U_2 < U \leqslant U_3 \\ \dfrac{Q_{\max}}{U_3 - U_4}(U - U_3), U_3 < U \leqslant U_4 \\ -Q_{\max}, U > U_4 \end{cases} \qquad (8\text{-}5)$$

式中：$U_1 \sim U_4$ 表示的电压值分别为 0.93p.u.、0.94p.u.、1.06p.u.、1.07p.u.；Q_{ref} 和 $Q_{\max}$ 分别为光伏系统无功输出参考值和限值。

若在电压越限治理后系统容量仍充足，可进一步利用剩余容量进行谐波抑制。

（3）自适应功率削减控制模式。当逆变器容量不足时，仅通过无功功率下垂控制不足以支撑并网点电压，此时需要对光伏发电系统有功功率及谐波功率进行削减，释放出更多的闲置容量进行电压调节。

针对光伏并网点电压越下限时，但削减有功会导致电压进一步下降，可能过度削减有功，反而导致电压越限更加严重的问题。提出电压越下限治理时削减有功增发无功调节效果的判断方法，推导过程如下：

由式（8-4）可知，忽略电压降落的纵分量并假设电网电压恒定，当电压超越上限时，光伏功率变化对并网点电压的影响为

$$\Delta U_{1d} = \frac{\Delta P_{\text{PV}} R + \Delta Q_{\text{PV}} X}{U} \qquad (8\text{-}6)$$

式中：ΔU_{1d} 为并网点电压下降量；ΔP_{PV} 为并网光伏有功削减量；ΔQ_{PV} 为并网光伏无功增发量。

当电压越下限时，光伏功率变化对并网点电压的影响为

$$\Delta U_{1u} = \frac{-\Delta P_{\text{PV}} R + \Delta Q_{\text{PV}} X}{U} \qquad (8\text{-}7)$$

式中：ΔU_{1u} 为并网点电压抬升量。

ΔP_{PV} 和削减后可增发无功之间的关系为

$$\Delta Q = \left(\sqrt{S^2 - (P - \Delta P_{\text{PV}})^2} - \sqrt{S^2 - (P)^2} \right) \qquad (8\text{-}8)$$

进而可以得到

$$\begin{cases} \Delta U_{\text{s}} = \left[\sqrt{S^2 - (P - \Delta P_{\text{PV}})^2} - \sqrt{S^2 - P^2} + \Delta P_{\text{PV}} \dfrac{R}{X} \right] \dfrac{X}{U} \\ \Delta U_x = \left[\sqrt{S^2 - (P - \Delta P_{\text{PV}})^2} - \sqrt{S^2 - P^2} - \Delta P_{\text{PV}} \dfrac{R}{X} \right] \dfrac{X}{U} \end{cases} \quad (8\text{-}9)$$

式中：ΔU_{s} 为电压越上限时有功削减释放出的容量全部用于增发无功后电压下降量；ΔU_x 为电压越下限时有功削减释放出的容量全部用于增发无功后电压抬升量。

由式（8-9）可以看出，在电压越上限时，削减有功增发无功必然会对电压越限有正的治理效果；在电压越下限时，ΔU_x 可能为负。需要对削减有功功率对并网点电压治理效果进行分析，选择对并网点电压支撑效果最好的方式。

由此，提出电压调节效果系数 α，用以判断削减定量有功功率后电压治理效果

$$\alpha = \frac{\sqrt{S^2 - (P - \Delta P_{\text{PV}})^2} - \sqrt{S^2 - (P)^2}}{\Delta P_{\text{PV}} \delta} \quad (8\text{-}10)$$

式中：ΔP_{PV} 为并网光伏有功削减量，本书中取为额定有功功率的 5%；S 为光伏集群额定容量；δ 为线路阻抗比，$\delta = R / X$。

当 α 大于 1 时，继续进行有功削减，当 α 小于 1 时，停止削减，维持功率不变。

若有功削减后释放出的闲置容量较多，进行电压越限治理后仍有盈余，则继续进行并网点谐波治理。

（4）电能质量提升控制模式。无光照时，光伏运行于电能质量提升控制模式，将光伏电池从直流侧切除，此时光伏逆变器无有功输出，只作为电能质量优化装置，利用其逆变器容量为电网提供无功支撑和进行谐波优化。

8.1.4　孤岛异常状态

分布式并网发电系统主要由负荷、分布式电源、储能及控制装置等构成，并通过 PCC 与电网互联。电网将分布式电源、负荷等有机结合在一起，其中，分布式电源是以可再生能源为主的多种能源形式，如燃料电池、光伏和风力等。分布式并网发电系统比传统电网更接近负荷，不仅可以减少线路网损，而且提高了能源的利用率，电网的供电可靠性也得到了保障。但这种并网方式也有不

足之处，孤岛问题尤为凸出。所谓孤岛是指：电网因局部故障引起电压、频率异常或检修等原因造成图 8-6 中断路器跳闸，形成孤立、无法控制的电力系统，分布式电源仍以并网模式运行，同时，向本地负载供电的现象。

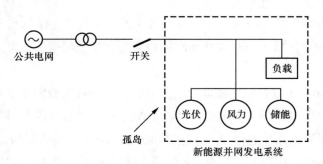

图 8-6 新能源并网发电系统

因故障、天气状况等因素引起电压、频率异常导致断路器跳闸形成孤岛的现象，也称为非计划孤岛。非计划孤岛由于其发生的随机性、不可预测性，导致电压和频率不受控制，且线路仍然带电，将会给电力系统设备和相关检修人员带来如下危害：

（1）孤岛发生后，若检测装置未能发现孤岛，分布式电源仍会以并网模式运行，对电压和频率进行调节。此时，缺乏电网钳制，导致孤岛后系统电压、频率发生较大波动，危害用电设备安全。

（2）孤岛系统重新并网，若孤岛系统与电网并不符合同期合闸条件或因孤岛导致相位同步检测系统不工作，重新合闸瞬间，线路将产生较大的冲击电流，损害用电设备，缩减断路器使用寿命，甚至可能引起更大范围的停电，影响社会生产、居民生活。

（3）孤岛效应可能导致短路故障不能及时清除，同时，因短路故障引起的电压和电流波动将危害用电设备安全，干扰断路器合闸。

（4）非计划孤岛中线路仍然带电，可能给检修人员带来电击危险。

综上所述，为了避免非计划孤岛，现有的标准要求分布式电源须具备孤岛检测功能，当电网因故障解列断电后，分布式电源能迅速退出电网，以保证微电网安全稳定运行，为分布式电源再次并网做好准备工作。例如，IEEE Std.929—2000 IEEE 光伏漏电流标准，Std.1547—2003 分布式电源接入电力系统标准和 UL1741 等标准均要求分布式电源必须在非计划孤岛形成的 2s 以内做出正确动作。

分布式并网发电系统正常运行时，分布式电源通过检测 PCC 处电气参量，并利用锁相环控制其输出电流与电网电压同相，实现微电网与公共电网间能量交互。然而，电网因故障解列断电后，分布式发电系统处于孤岛状态，分布式电源输出电压的频率、相位和幅值将不受电网控制，危害本地电力负荷正常运行，甚至可能威胁到检修人员的安全。因此，理清孤岛检测技术发展脉络，理解并学习现存方法的优缺点及贡献，为挖掘新的孤岛检测方法提供途径，对微电网发展意义重大。

主动式孤岛检测策略通过特定控制算法向并网逆变器引入带有规律的扰动信号，并根据系统响应判断孤岛是否发生。当逆变器处于并网状态，引入的扰动信号受到电网钳制，PCC 处电信号几乎未有变化；但是，电网因故障解列断电，逆变器迅速脱网，针对电压幅值、系统频率或电压相位引入的扰动信号会迫使电压、频率或相位产生偏移，若超出 IEEE Std.929—2000，Std.1547—2003 和 UL1741 等标准所规定的允许工作范围，则可实现孤岛检测。一般，常用的主动式孤岛检测方法有频移法、功率扰动法与阻抗测量法等。

（1）频移法。频移法是主动式孤岛检测策略中常用方法之一，通过向并网逆变器注入扰动信号，迫使孤岛后 PCC 处频率偏移以达到孤岛检测目的，主要包括主动频率偏移法（active frequency drift，AFD）、Sandia 频率偏移法（sandia frequency shift，SFS）和滑模频率偏移法（slide mode frequency shift，SMS）等。

AFD 作为主动式孤岛检测方法，通过并网逆变器的电流环注入扰动信号，从而迫使孤岛后 PCC 处频率发生较大偏移。AFD 的基本原理是：逆变器处于并网状态，逆变器输出电流、电压受制于锁相环，且输出电流相位与电网电压同相，那么，PCC 处频率并不发生偏移。然而，孤岛发生后，由于逆变器输出电压不再受电网钳制，PCC 处频率将随扰动信号变化而变化，故可依据此变化识别孤岛现象。虽然 AFD 能快速检测孤岛现象，但由于注入扰动量，增加了逆变器输出电能的负面效应。因此，如何减少该负效益并快速检测孤岛仍是 AFD 首要解决的关键问题。基于负载阻抗角反馈的主动频移孤岛检测技术，利用负载阻抗角的变化实时调整注入电流频率扰动大小，能改善系统响应的灵敏性，提高检测算法的准确性，同时消除不可检测区域（non-detection zone，NDZ），此外，采用分段式扰动注入规则可降低非线性负荷引起的电流谐波畸变，改善了电网的电能质量，但是，该方法仍存在并网电流谐波畸变问题，且不适用于含多逆变型分布式电源（inverter interfaced distributed generator，IDG）且其控制策略多样的微电网。针对 AFD 在并网逆变器系统不能兼顾检测速度与电网电能质量的问题，在分析类负载参数坐标系 $Q_f \times C_{norm}$ 的基础上，通过提出新的截断系数，并利用模糊控制规则对 PCC 处频率偏移量及其变化率动态优化，从而提高了孤岛检测速度并降低了逆变器输出电流谐波畸变率。

国内外文献大多数研究 AFD 在单逆变器并网情况下的孤岛检测，而较少考虑含多逆变器的微电网。实际上，电网中大多数情况为多机并联运行，若 AFD 应用于含多逆变器微电网，则必须保证不同并网逆变器间系统响应的同步变化，才能确保频率偏移方向一致；否则，一些并网逆变器采用向上频移，而其他采用向下频移，将会导致孤岛后各逆变器间的频移效果相互抵消，产生稀释效应，导致 AFD 检测失效。为了克服上述 AFD 的缺陷，美国 Sandia 国家重点实验室提出了基于频率正反馈的主动频移孤岛检测方法，即 Sandia 频率偏移法（sandia frequency shift，SFS），也称为正反馈主动频率偏移法（active frequency drift with positive feedback，AFDPF）。SFS 是在 AFD 的基础上加入扰动周期信号。在并网条件下，SFS 试图加快 PCC 处频率的变化，但由于电网的钳制作用，频率变化微小；然而，孤岛情况下，则恰恰相反，电压不再受电网电压的钳制，PCC 处频率将随扰动频率的增加而增加，从而实现孤岛识别。相较于 AFD，SFS 的 NDZ 更小。然而，SFS 采用正反馈来增加扰动信号，降低了并网逆变器的电能质量。为了深入分析周期性扰动和电流频率扰动的特点，改进的 AFDPF 算法被提出，其基本原理是：逆变器采用偶采样周期进行电流频率扰动，而奇周期不扰动，并通过检测逆变器输出端电压频率的变化来判断孤岛是否出现，这样有利于减小电流频率扰动对电网电能质量的影响。针对多逆变器并网运行的孤岛情况分析，发现若只有部分逆变器采用 SFS，整个系统的扰动能力不足以迫使孤岛后的系统频率偏移出 IEEE Std. 1547—2003 标准所规定的允许工作范围；同时，通过理论分析，发现 SFS 的逆变器比例与逆变器最大过载的倍数及与 SFS 正反馈增益调节的比例关系，并依据以上两个关系实施 SFS 实现多机并联系统的孤岛检测。

SMS 通过并网逆变器输出电压频率与电网频率的偏差构造扰动角函数，并利用正反馈使相位偏移迫使孤岛后 PCC 处频率发生变化，实现检测孤岛目的。与 AFD、SFS 相比，SMS 仅需在逆变器的锁相环基础上稍加改动，即可实现，且 NDZ 更小，甚至在多台并网逆变器组成的并网系统中，也不会产生稀释效应。但 SMS 不停对并网逆变器输出电流—电压的相位进行扰动，影响了并网逆变器输出端的电能质量。为了克服 SMS 的不足，通过分析传统滑动频率偏移法的检测原理，发现其可能存在检测失败的缺点，通过引入额外的相位角偏移量，打破了 SMS 可能存在的平衡运行点，进一步减小了 SMS 的 NDZ，并通过对 SMS 的参数优化，实现了快速检测孤岛的目的；同时，由于 SMS 算法中附加的相位角偏移量较小，并不会增加逆变器输出端电能质量的负面效应。针对 SMS 中扰动量选取难以平衡电网电能质量与孤岛检测速度的矛盾，一种利用模糊控制技术对扰动系数进行优化的算法被提出；与传统的 SMS 相比，所提方法可以加快孤岛检测速度，有效缩小检测盲区和显著减小扰动对电网电能质量影响。

（2）功率扰动法。逆变器工作于并网状态，本地负载所消耗的功率由逆变器和电网提供。而孤岛发生后，若逆变器与本地负载间功率匹配，则 PCC 处电压、频率变化较小，易陷入 NDZ 中。此时，若采用频移法则不可避免向电网引入谐波，增加电网电能质量的负面效应。为了可靠、有效检测孤岛现象同时不向电网大量谐波，基于功率扰动的孤岛检测方法被采用，可分为基于有功功率扰动和基于无功功率扰动。

8.2　并网点数据预处理

8.2.1　电能质量异常扰动

电能质量异常扰动事件一般包括暂态异常扰动事件和稳态异常扰动事件，传统的电能质量异常扰动事件识别方法主要对暂态异常扰动事件进行研究通过提取电能质量扰动信号的特征对分类模型进行训练用来分类，但很少有研究通过电能质量异常特征指标对稳态异常扰动事件进行分类识别，对于实际中存在的复杂异常扰动事件来说分类精度较低、泛化性较差。

暂态扰动通常是由突发事件引起的，比如短路故障或开关操作。这类扰动发生的时间非常短，通常在几毫秒到几秒钟之间。在时域上，暂态扰动呈现出短暂而急剧的波动，导致电压和电流瞬时变化。这种扰动的影响主要体现在电力系统的瞬时响应上，可能引发设备的短时过电压、过电流，对系统的稳定性产生瞬时的不利影响。然而，随着时间的推移，暂态扰动的影响逐渐减弱，系统逐渐恢复到新的平衡状态。

相比之下，稳态扰动则是电力系统中的慢变化。这类扰动的发生通常是由负荷变化、发电机调度变化等引起的，时间尺度较长，大致在秒到分钟之间。在时域上，稳态扰动呈现出相对较慢的电压和电流变化，系统逐渐适应新的平衡。与暂态扰动不同，稳态扰动的影响主要体现在电力系统的长时响应上。

鉴于电力系统结构的复杂性和电网中电能质量扰动信号的多样性，从电网中采集的实际数据常常受到噪声的干扰，这一情况对于提取扰动信号的突变点和频率幅值等关键信息造成了不小的影响。因此，需要认识到电能数据本身并不能直接用来进行准确的判断，其内在的噪声等问题可能导致对扰动信息的误判，这是需要引起重视的。

为了解决这一问题，必须采取相应的方法来有效处理噪声。首先，必须最大限度地滤除噪声，以确保从电能数据中提取的信息是可靠和准确的。其次，需要尽可能地保留扰动信号的相关信息，以便进行进一步的分析和研究。

在实际研究中，常采用各种信号处理方法来处理噪声，以提高对扰动信号的准确度。其中一种常见的方法是采用滤波技术，通过合理选择滤波器的参数，能够有效地去除噪声成分，从而使扰动信号更为清晰可辨。此外，还可以运用小波变换等先进的数学工具，对扰动信号进行更为精细的分析和处理，以更好地应对电能数据中的噪声干扰问题。

8.2.2 基于 EEMD 阈值去噪

在研究中，要明确电能数据受到噪声干扰的问题，强调数据的可靠性受到挑战，进而引出对噪声的处理需求。通过采用滤波等信号处理方法，可以有效解决噪声对扰动信号信息提取的影响，为后续的异常状态辨识提供更可靠的数据基础。

传统电能质量扰动信号消噪方法包括线性滤波技术和非线性滤波技术。线性滤波技术理论基础完善数学处理简单且易于采用 FFT，在滤波领域占有重要地位，但对突变性的信号如暂态电能信号去噪易造成失真；非线性滤波是对输入信号进行非线性影射，将噪声近似影射为零，同时保留信号的特征，能够在一定程度上克服线性滤波器的不足内。近年来小波变换及适用于非平稳信号分析的经验模态分解方法（empirical mode decomposition，EMD）应用于电能质量信号消噪逐渐增多，其中小波变换去噪过程包括小波分解去噪处理阈值确定、阈值处理、重构，该方法简单，去噪效果好，缺点一是小波基不易选择，二是不具有自适应性，而 EMD 分解方法不需要选择基函数，能够自适应地将含噪电能信号分解成不同时间尺度的模态函数喝，优于小波去噪，该方法的缺点一是存在端点效应，二是模态混叠问题。针对模态混叠问题，Flandri 小组和 Huang 共同提出叠加白噪声分析的方法，即集合经验模态分解（ensemble empirical mode decomposition，EEMD）方法。EEMD 自适应将复合信号分解成不同时间尺度的模态函数，不需要人为选择基函数和分解层数，同时能够改善 EMD 在分解信号过程中易产生的模态混叠效应。目前不少学者已成功将其应用于含噪声的地震信号、振动信号和电流信号等除噪工作。

　　本部分将 EEMD 阈值消噪方法应用于电能质量扰动信号除噪，借鉴小波消噪阈值法对各分量的阈值选择进行探讨，并充分对比除噪效果与小波去噪的四种阈值方法(启发式阈值、自适应式阈值、固定式阈值和极大极小阈值)的效果。根据除噪效果一般评价标准，从波形、信噪比和均方误差三个方面对滤噪效果进行评定；针对电能质量扰动信号在考虑去噪的同时需要保留扰动突变信息，通过对消噪信号进行 HHT 来提取扰动发生的起止时刻和获得其频率幅值特征信息。从除噪效果三个指标和扰动特征量的检测误差两个方面来探索 EEMD 阈值除噪的可行性。

8.2.3　EEMD 阈值消噪方法

　　理论上 EEMD 分解得到的 IMFs 中噪声已相互抵消，实际上由于叠加噪声次数不可能太大影响程序运行速度而使 IMFs 中留有噪声，其中 EE-MD 分解得到的前几层 IMFs 含噪声能量大，可采用时空滤波法直接将其滤除。之后的 IMFs 中所含噪声能量依次降低，包含噪声和实际扰动信号，此时需要对这些 IMFs 进行阈值去噪处理，最后的 IMFs 不含噪声可直接保留，故只需对中间部分 IMFs 进行阈值消噪处理，信号重构得到信号表达式为

$$x'(t) = \sum_{i=m_1}^{i=m_2} c_i + \sum_{i=m_2+1}^{i=m_2} c_i \tag{8-11}$$

从第 m_1 到第 m_2 个分量中的白噪声能量估计式为

$$E_k = \frac{E_{ml}^2}{\beta} p^{-k}, k = m_1, m_1 + 1, \cdots, m_2 \tag{8-12}$$

式中，p 和 β 是与筛选循环次数有关的参数，分别为 2.01 和 0.719。对从第 m_1 到第 m_2 个分量中的白噪声进行自适应阈值表达式为

$$T = C\sigma_i \sqrt{2\ln N} \tag{8-13}$$

式中：N 为信号长度；C 为阈值系数；σ_i 是第 i 个分量所含噪声标准差。

σ_i 可以通过式（8-12）进行估计，其中第 m_1 层所含噪声标准差为

$$\sigma_{m_1} = \frac{median(|c_{m_1}|)}{0.6745} \tag{8-14}$$

由于从第 m_1 到第 m_2 个分量中含噪声能量逐渐减少，相应地各层阈值系数 C 也变小，各分量阈值系数的选取采用后一层系数为前一层系数的 1/2，即

$$C_{m_1} = 0.9 \times \frac{\max(|c_{m_1}|)}{\sqrt{E_{m_1}}\sqrt{2\ln N}} \tag{8-15}$$

$$C_{n+1} = C_n / 2 \quad (n = m_1 + 1, \cdots, m_2 - 1)$$

由式（8-12）~式（8-15）可得到每个 IMF 的阈值表达式为

$$T = CE_{m_1} \sqrt{\frac{p^{-k}}{\beta}} \sqrt{2\ln N} \tag{8-16}$$

阈值处理不仅其阈值系数的大小与待处理信号相关联，其阈值处理方式也与信号相关。暂态电能质量扰动信号波峰处有放电细节，而软阈值是较平滑处理方式，使波形变光滑易削掉细节信息，硬阈值可以保留较多细节信息，故采用 EEMD 硬阈值。信号除噪处理结果评价标准一般有信噪比（signal to noise ratio，SNR）和信号的重构均方误差（mean squared error of reconstruction，MSE）。通常 SNR 越大，MSE 越小，去噪效果就越好。SNR 和 MSE 的计算式分别为

$$\gamma_{SNR} = 10\ln \frac{\sum_{i=1}^{i=N} s^2(i)}{\sum_{i=1}^{i=N} [\hat{s}(i) - s(i)]^2} \tag{8-17}$$

$$\varepsilon_{\mathrm{MSE}} = \frac{1}{N} \sum_{i=1}^{N} [\hat{s}(i) - s(i)]^2 \qquad (8\text{-}18)$$

式中：$s(i)$ 为第 i 个点的原始信号值；$\hat{s}(i)$ 为第 i 个点经过去噪处理后的值。

EEMD 阈值去噪方法步骤为：

（1）对含噪信号 $x(t)$进行 EEMD 分解，得到 IMFs。

（2）选择合适的 m_1、m_2。根据式（8-14）～式（8-16）对从 m_1 层到第 m_2 层的 IMFs 进行能量估计和阈值计算。

（3）对各分量进行阈值去噪后重构得到去噪后的信号。

8.3 基于神经网络的光伏并网点异常状态辨识方法

通过训练可以搭建卷积神经网络，具体的故障诊断过程首先是通过海量数据总线将现场的量测数据上传到动态实时内存库和历史库中，然后进行降维处理，将处理后的数据放入训练好的网络，网络对每一个样本进行判断，会计算出该数据样本在每种故障下的概率，概率最大的一类就是该数据所属的故障类。本书分为故障和正常两类。如果诊断出故障，就从历史库中寻出数据源，找出上传数据的 μPMU 编号，进而诊断故障的大致范围，同时将 μPMU 测得的故障时刻前后一段周期内的数据全部上传至主站进行进一步详细的判断。

卷积神经网络（convolutional neural networks，CNN）一般是由输入层、卷积层、激活层、池化层和全连接层构成的，如所 8-7 所示。首先输入的图像经过卷积层进行特征的提取，然后对卷积操作过后所获得的特征进行非线性运算，再将其送入池化层进行数据的降维，接着将降维后的数据作为下一层卷积的输入，重复上述操作，直到数据全部送进全连接层。此时全连接层得到的特征向量将会成为分类器的分类依据，帮助其完成最终的分类。

（1）卷积层。CNN 的卷积层是提取特征的一层，是卷积神经网络中特有的且最重要的一部分，其定义是至少在一个层中运用卷积运算的网络。其中局部连接以及权值共享是该层主要的结构特点，其目的是为了减少训练的参数，进而减少训练的时间。卷积层实质上就是获取特征数据的局部信息，并且提取的方式与其余部分一样，总的来说可以共享网络学习到的特征。通过单层卷积获取的特征是局部的，当层数不断增加时，其提取的特征会逐步完整。卷积层是利用卷积核和输入的图像进行卷积操作的，一般可以选取多个卷积核分别对输入的图像进行卷积，从而可以提取到图像的多维特征。图 8-8 展示了卷积的过程，输入的是 5×5 的图片，卷积核的大小是 3×3 尺寸，经过卷积核的顺序是从左到右，从上到下，滑动的步长为 1，最终得到的输出为特征图是 3×3 的维度。

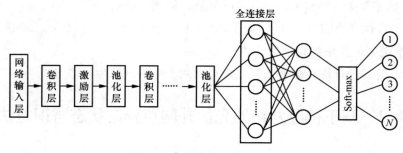

图 8-7　卷积神经网络示意图

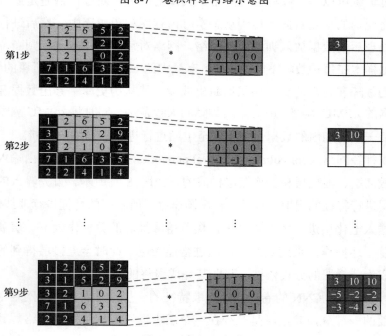

图 8-8　卷积示意图

卷积的一般数学公式为

$$x_j^l = f\left(\sum_{i \in M_j} x_i^{l-1} * k_{ij}^l + b_j^l\right) \tag{8-19}$$

式中：l 为第 1 层卷积；k 为卷积核；x_j^l 为第 1 层的第 j 个特征图；k_{ij}^l 为第 1 层的第 j 个卷积核；b_j^l 为偏置项。

（2）激励层。由于线性函数从特征数据中学习的能力有限，因此需要在神经网络中添加激活函数，才能学习更加复杂的特征数据。在 CNN 中构建激活函数是激活层最主要的功能。在最早的时候，激活函数在人工神经网络中就是构建连接的神经节点间输入与输出的关系。后来建立激活函数的目的是为线性模型加入非线性因素或是用来增加非线性模型的表达能力。在运算过程中需要逐个对元素进行计算，并且不改变原始的数据大小，即在输入与输出的过程中数据的大小不变。常用的激活函数有：Sigmoid 函数、双曲正切函数（hyperbolic tangent，Tanh）和线性修正单元（rectified linear units，ReLU）。

（3）池化层。池化层是对卷积操作后的特征图进行采样处理。它有两大重要作用，其一是图像压缩特征，减少了网络的参数量，有效地缓解了计算机的存储压力，也能够加快网络的训练速度，防止了像传统神经网络过拟合现象的发生，同时还强化了图像的特征。其二是通过采样可以使得模型具有对局部线性转换不变性的特点，可大幅度的增强 CNN 模型的泛化能力，能够让模型自由地进行特征学习。最大池化（max pooling）和平均池化（mean pooling）是两种常见的池化操作。

（4）全连接层。CNN 网络的最后一般是全连接层，其连接结构跟传统神经网络的连接方式一样，该层的所有神经元都和上一层的每一个神经元相连，相当于多层感知机（multi-layer perceptron，MLP）的隐层。全连接层利用这种连接方式将神经网络学习到的所有局部特征进行组合，然后将最后的分类结果通过激活函数输出。其连接结构示意图如图 8-9 所示。

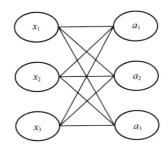

图 8-9 全连接层网络结构示意图

当卷积神经网络用做分类的时候，全连接层往往会训练一个分类器，常用的分类器有 sigmoid 函数、softmax 函数和逻辑回归（logistic regression）。其中 softmax 分类器其将特征潜向量映射到每种故障的置信值 V_i，$i=1,2,\cdots,n$。计算公式为

$$V_i = [V_1, V_2, \cdots, V_s]^T = g(|W_{s*2} * [f_1, f_2]^T + b_s) \qquad (8\text{-}20)$$

式中：W_{s*2} 为神经网络的权重矩阵；b_s 为偏置向量；$[f_1, f_2]^T$ 为二维特征潜向量。然后由式（8-21）计算出每种故障的概率为

$$P_i = \frac{e^{a_j}}{\sum\limits_{k=1}^{T} e^{a_k}}, i = 1, 2, \cdots, s \qquad (8-21)$$

式中：a_j 为某一类故障的发生数目；a_k 为所有故障发生的数目。

卷积神经网络的结构是个前馈的网络结构，但是 CNN 的参数训练过程是一个反向的传播过程，分为前向与反向传播。前向传播是求出输入数据向前传播分别经过卷积层、激励层、池化层和全连接层得到的输出值，并且求出网络的输出值和目标值之间的误差。而反向传播是因为前向传播的得到的结果和预期的结果存在一定的误差，因此需要采用梯度下降法计算该误差，并将误差从全连接层反向传播给卷积层直至输入层进行训练。在传播的过程中，网络中各参数的值会根据误差来调整，不断迭代计算上述过程，直到模型收敛。CNN 参数训练过程如图 8-10 所示。

本章搭建的卷积神经网络训练过程如图 8-10 所示，首先是获取故障数据，接着进行降维处理。然后将处理过后的正常数据与故障数据分类，正常数据标签为 0，故障数据标签为 1。完成编码之后就构成故障数据的矩阵集，然后将这些矩阵集转换为灰度图像。选取一部分数据作为训练样本，搭建 8 层二维卷积网络模型，其基础的结构为卷积层、激励层以及池化层依次连接重复两次，池化层后面分别是全连接层以及 softmax 分类输出层各一层。输入的数据经过前 6 层卷积层、池化层和激励层以后再提取故障特征，经过全连接层后再通过输出层输出。每一层的网络参数采用的是正态分布初始化方法，其中设置的参数标准差为 0.001，最大的迭代次数是 200 次，分批获取数据的大小设为 100，网络正则化系数设为 0.004。然后选用交叉熵函数定义网络损失，并用随机梯度下降法修正模型各层权重。接着判断模型是否收敛，如果不收敛就不断对权重进行修正直至模型收敛，损失函数最小。最后保存网络，将测试样本通过网络输出分类的结果。在模型的搭建过程中，需要不断的修正损失函数，可以通过增大训练样本来防止过拟合的出现，提高卷积神经网络模型在工程应用中的泛化能力。

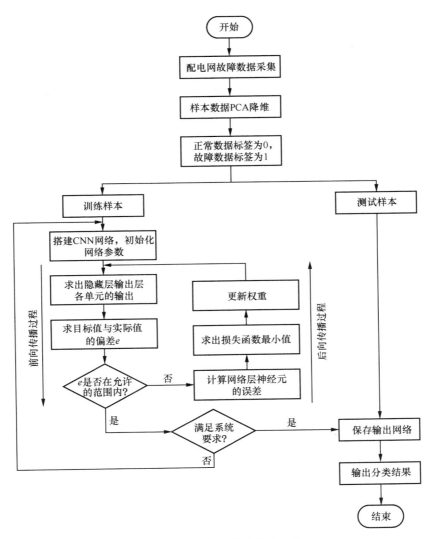

图 8-10　CNN 参数训练过程示意图

8.4　本章小结

　　本章致力于光伏并网系统异常诊断方法的研究，目的在于提高系统运行的稳定性和可靠性。通过对并网系统中可能出现的异常状态进行分析，包括电压越限、电压三相不平衡、谐波异常状态和孤岛异常状态等。为了准确识别异常状态，本研究进行了并网点数据的预处理，采用基于 EEMD 阈值去噪的方法，以提高数据质量。同时，探讨了卷积神经网络在异常状态辨识中的应用，致力于提高故障诊断率。通过这些方法，期望建立一套有效的光伏并网异常诊断体系，为系统运行的监测和维护提供科学依据。

第 9 章

数据驱动的含高比例户用光伏的低压台区
电压协调控制策略

随着"双碳"目标的提出，以光伏为代表的可再生能源逐渐成为我国电力能源的重要来源。特别是在整县分布式光伏试点和扶贫光伏等政策的支持下，低压台区内的户用分布式光伏装机数量和容量快速增长。然而，高比例的光伏渗透率，用户负荷与光伏出力时空不匹配性等问题，导致配电网功率双向流动，引起了节点电压频繁越限、三相不平衡加剧等诸多问题。因此，如何有效调控含高比例户用光伏低压台区的电压成为当下亟待解决的关键问题。

目前，已有很多国内外学者就分布式光伏并入配电网的电压控制策略问题进行了相关研究。首先，在调控措施方面，主要以功率控制方法解决电压越限问题。通过调整变压器分接头位置和串联电容器组来控制节点电压的措施提出了相应的解决方案。然而，这类调控措施相对传统，存在无法频繁操作、调节速度慢和精度低等缺陷。为了充分发挥光伏逆变器（photovoltaic inverter，PVI）无功调节的潜力，提出了无功电压控制策略。尽管通过无功补偿可以调节节点电压，但实际上无功补偿并不会消纳光伏的额外出力。近年来，储能技术的不断进步使其成为光伏并网电压控制的新兴措施，基于节点电压与节点有功功率的线性关系也建立了储能系统（energy storage system，ESS）有功功率参与的电压优化控制模型。针对电压越限问题，提出的"PVI+ESS"的控制策略，初始采用 PVI 的可用无功容量进行电压控制，如果电压仍然越限，则对 ESS 采用一致性算法进行电压控制。

其次，在调控目标方面，针对光伏并网导致的电压偏移和网损增加问题，以节点电压与额定值的差值最小作为目标函数，采用鲁棒优化模型对 ESS 进行调控。虽然该策略可确保电压不越限，但将节点电压从越限值调控至额定值附近会增加调控设备的输出，导致调控经济性降低。也有采用一致性算法利用 PVI 的无功功率和 ESS 的有功功率对电压进行协调控制。但是由于低压台区中存在光伏单相并网和三相负荷不均衡等因素，三相不平衡问题时常伴随电压越线问题同时产生，这些文献都未将三相不平衡、电压越限和调控经济性问题同时考虑。

最后，在台区拓扑方面，基于 Distflow 潮流模型，采用换流器和 ESS 协调优化策略，有的方案改善了电压越限和三相不平衡问题。基于三相四线制最优潮流模型，兼顾最小化网损和最小化三相不平衡度（voltage unbalance factor，VUF），PVI 和 ESS 的协同控制模型被建立。尽管上述方案都采用了多种措施进行电压控制，并同时考虑了三相不平衡问题，但它们都依赖于台区拓扑参数进行潮流计算，然后使用电压灵敏度矩阵来控制 PVI、ESS 等设备的输出，以实现电压控制。实际上，大多数低压台区存在量测装置覆盖不足，拓扑关系不明确，线路参数未知等问题，无法进行潮流计算。因此，上述基于潮流计算的调控策略都不适于拓扑未知的情况。无需台区拓扑参数的电压控制方法使用历史运行数据构建数据集，并借助深度神经网络拟合可调节点的注入功率与关键节点的电压关系，以实现电压控制。但是该研究仅针对单相线路，未考虑低压台区中存在的三相不平衡问题，并且存在电压优化目标过度调节的问题。

综上所述，在现有电压协调控制策略研究中，多侧重于单一的有功电压控制或无功电压控制，对结合 PVI 和 ESS 的协调电压控制策略方面研究不充分。同时，已有的电压控制研究中很少有同时考虑节点电压、节点 VUF 和调控经济性的联合优化。此外，现有文献大多以拓扑已知的低压台区为研究对象，而对拓扑参数未知的低压台区电压调控问题研究较少。

针对现有研究的不足之处，提出一种基于数据驱动的低压台区电压协调控制策略。首先，基于低压配电台区各节点处智能电能表的用户历史电压和电流数据，通过数据驱动的方式，采用最小二乘法建立台区三相线性近似模型，解决了在实际低压台区中拓扑结构和线路参数未知的情况下无法进行潮流计算的问题。其次，对台区内 PVI 无功出力和 ESS 有功出力进行两阶段协调控制，采用改进的多目标粒子群算法（improved multi-objective particle swarm optimization，IMOPSO），在调节设备出力最小的前提下，将越限节点的电压与 VUF 调控在允许范围内。相比于现有调控策略，在调控措施、调控目标方面都考虑更为全面。最后，采用实际算例对比分析，验证了电压协调控制策略的有效性。

9.1 低压台区三相线性近似模型

9.1.1 模型建立

针对辐射状的低压台区，可采用 Distflow 潮流模型描述，即

$$\begin{cases} P_n = \sum_{o \in O} p_o + r_n i_n - p_n \\ Q_n = \sum_{o \in O} q_o + x_n i_n - q_n \\ u_n = u_m - 2(r_n p_n + x_n q_n) + (r_n^2 + x_n^2) i_n \end{cases} \tag{9-1}$$

式中：P_n 和 Q_n 分别为注入节点 n 的有功功率和无功功率；O 为以节点 n 为首节点的支路集合；p_o 和 q_o 分别为从节点 n 流向支路 o 的有功和无功功率；m 为以节点 n 为末节点的支路 mn 的首节点；r_n、x_n 和 i 分别为支路 mn 的电阻、电抗和电流有效值的平方。

但是，该潮流模型是基于三相平衡条件下的单相模型，没有考虑低压台区内的电压三相不平衡问题。基于 Distflow 潮流模型的思想，建立低压台区三相线性近似模型。在配电网三相模型中，节点 n 的各相复电压和注入复功率可用 $\dot{u}_n$ 和 $\dot{S}_n$ 表示，支路 mn 的阻抗矩阵、流过的各相复电流和功率可用 z_n、$\dot{i}_n$ 和 $\dot{s}_n$ 表示。由欧姆定律可知

$$\dot{u}_n = \dot{u}_m - z_n \dot{i}_n \tag{9-2}$$

式中：$\dot{u}_n$、$\dot{u}_m$ 和 $\dot{i}_n$ 均为 3×1 的矩阵；因将中性线化简为直接接地的状态，因此 z_n 为 3×3 的矩阵。

在低压台区中，智能电能表无法测量电压相角等数据，仅能够获取电压幅值。因此，通过将式（9-2）左右两边都乘以其共轭转置，仅保留结果的对角线元素，具体结果为

$$\text{diag}(\dot{u}_n \dot{u}_n^*) = \text{diag}(\dot{u}_m \dot{u}_m^*) - 2\,\text{Re}(\text{diag}(\dot{u}_m \dot{i}_n^* z_n^*)) + \text{diag}(z_n \dot{i}_n \dot{i}_n^* z_n^*) \tag{9-3}$$

针对式(9-3)中等式左侧，设 u_n 为 n 节点中各相电压平方形成的矩阵，则

$$u_n = [U_{n,\text{A}}^2, U_{n,\text{B}}^2, U_{n,\text{C}}^2]^{\text{T}} = \text{diag}(\dot{u}_n \dot{u}_n^*) \tag{9-4}$$

式中：$U_{n,\text{A}}$、$U_{n,\text{B}}$ 和 $U_{n,\text{C}}$ 分别为节点 n 中 ABC 三相的电压幅值。

针对式（9-3）中等式右侧第二项，在三相模型中有 $\dot{U}_{n,\mathrm{A}}/\dot{U}_{n,\mathrm{B}}=\alpha k_{1,n}$，$\dot{U}_{n,\mathrm{A}}/\dot{U}_{n,\mathrm{C}}=\alpha^2 k_{2,n}$，$\alpha=e^{\mathrm{j}120°}$ 和 $k_{1,n},k_{2,n}\in\mathbb{C}$ 表征了三相电压之间的不平衡程度。考虑低压台区中支路互阻抗远小于自阻抗，且 VUF 远小于电压幅值，认为 $k_{1,n}=k_{2,n}=1$，则

$$\dot{u}_m\dot{i}_n^*z_n^*=\begin{bmatrix}1&\alpha&\alpha^2\\\alpha^2&1&\alpha\\\alpha&\alpha^2&1\end{bmatrix}\odot\begin{bmatrix}z_n^{\mathrm{AA}}&z_n^{\mathrm{AB}}&z_n^{\mathrm{AC}}\\z_n^{\mathrm{BA}}&z_n^{\mathrm{BB}}&z_n^{\mathrm{BC}}\\z_n^{\mathrm{CA}}&z_n^{\mathrm{CB}}&z_n^{\mathrm{CC}}\end{bmatrix}^*\begin{bmatrix}\dot{s}_{n,A}\\\dot{s}_{n,B}\\\dot{s}_{n,\mathrm{C}}\end{bmatrix} \tag{9-5}$$

针对式（9-3）中等式右侧第三项，鉴于低压台区内线路网损通常远小于负荷，因此可忽略低压台区内线路损耗。则根据式（9-4）、式（9-5）可将式（9-1）和式（9-3）可简化为

$$\begin{cases}u_n=u_m-2\left(r'p_n+x'q_n\right)\\P_n=\sum_{o\in O}p_o-p_n\\Q_n=\sum_{o\in O}q_o-q_n\end{cases} \tag{9-6}$$

式中：$p_n=\mathrm{Re}(\dot{s}_n)$；$q_n=\mathrm{Im}(\dot{s}_n)$；$P_n=\mathrm{Re}(\dot{S}_n)$；$Q_n=\mathrm{Im}(\dot{S}_n)$；$r'$ 和 x' 分别为

$$r'=\mathrm{Re}\left(\begin{bmatrix}1&\alpha&\alpha^2\\\alpha^2&1&\alpha\\\alpha&\alpha^2&1\end{bmatrix}\odot\begin{bmatrix}z_n^{\mathrm{AA}}&z_n^{\mathrm{AB}}&z_n^{\mathrm{AC}}\\z_n^{\mathrm{BA}}&z_n^{\mathrm{BB}}&z_n^{\mathrm{BC}}\\z_n^{\mathrm{CA}}&z_n^{\mathrm{CB}}&z_n^{\mathrm{CC}}\end{bmatrix}^*\right) \tag{9-7}$$

$$x'=\mathrm{Im}\left(\begin{bmatrix}1&\alpha&\alpha^2\\\alpha^2&1&\alpha\\\alpha&\alpha^2&1\end{bmatrix}\odot\begin{bmatrix}z_n^{\mathrm{AA}}&z_n^{\mathrm{AB}}&z_n^{\mathrm{AC}}\\z_n^{\mathrm{BA}}&z_n^{\mathrm{BB}}&z_n^{\mathrm{BC}}\\z_n^{\mathrm{CA}}&z_n^{\mathrm{CB}}&z_n^{\mathrm{CC}}\end{bmatrix}^*\right) \tag{9-8}$$

将单个节点的三相线性近似模型应用于 N 个节点的台区时，需要按节点编号对所有变量矩阵中的元素进行排序。以台区节点电压矩阵 u 为例，即

$$\begin{cases}u=[u_1,u_2,\cdots,u_n,\cdots,u_N]^{\mathrm{T}}\\u_n=[U_{n,\mathrm{A}}^2,U_{n,\mathrm{B}}^2,U_{n,\mathrm{C}}^2]^{\mathrm{T}}\end{cases} \tag{9-9}$$

引入支路—节点关联矩阵 A，令 $W=A\otimes\mathbf{E}_3$，则将式（9-6）应用于低压台区中的形式为

$$Wu=(1_N\otimes\mathbf{E}_3)u_0+2rp+2xq \tag{9-10}$$

$$\begin{cases} \boldsymbol{P} = \boldsymbol{W}^{\mathrm{T}} \boldsymbol{p} \\ \boldsymbol{Q} = \boldsymbol{W}^{\mathrm{T}} \boldsymbol{q} \end{cases} \tag{9-11}$$

式中：$\boldsymbol{1}_N$ 为所有元素全为 1 的 $N{\times}N$ 矩阵；$\boldsymbol{u}_0$ 为台区变压器低压侧电压矩阵；矩阵 $\boldsymbol{p}$、$\boldsymbol{q}$、$\boldsymbol{P}$ 和 $\boldsymbol{Q}$ 的形式均与矩阵 $\boldsymbol{u}$ 相同；$\boldsymbol{r} = \left[e_1 \otimes r'_1, e_2 \otimes r'_2, \cdots, e_n \otimes r'_n \right]$；$e_n$ 为 $\boldsymbol{E}_N$ 中的第 n 列元素；$\boldsymbol{x} = \left[e_1 \otimes x'_1, e_2 \otimes x'_2, \cdots, e_n \otimes x'_n \right]$。

将式（9-11）代入式（9-10）中，可得低压台区三相线性近似模型为

$$\boldsymbol{u} = \left(\boldsymbol{1}_N \otimes \boldsymbol{E}_3 \right) \boldsymbol{u}_0 + \boldsymbol{RP} + \boldsymbol{XQ} \tag{9-12}$$

式中，$\boldsymbol{R} = 2\boldsymbol{W}^{-1}\boldsymbol{r}\boldsymbol{W}^{-\mathrm{T}}$；$\boldsymbol{X} = 2\boldsymbol{W}^{-1}\boldsymbol{x}\boldsymbol{W}^{-\mathrm{T}}$。

由于 $\boldsymbol{W}$、$\boldsymbol{r}$ 和 $\boldsymbol{x}$ 的值仅与台区的拓扑参数有关，因此对于拓扑结构和参数固定的台区，$\boldsymbol{W}$、$\boldsymbol{r}$ 和 $\boldsymbol{x}$ 为定值，可采用式（9-12）通过节点注入功率与电压的近似线性关系计算节点电压。

9.1.2　参数拟合

实际低压台区中量测装置通常未能完全覆盖，因此台区的拓扑结构和线路参数是未知的，无法直接计算 $\boldsymbol{R}$ 和 $\boldsymbol{X}$ 参数。然而，由于式（9-12）为线性方程组，可利用台区内各节点智能电能表的电压电流历史观测数据，采用最小二乘法来拟合参数 $\boldsymbol{R}$ 和 $\boldsymbol{X}$。该方法具有求解方便、最优解唯一以及良好的解析性质等优点。以 $\boldsymbol{Z}{=}[\boldsymbol{R};\boldsymbol{X}]$ 为决策变量，无约束的参数拟合模型为

$$\min \left\| \boldsymbol{ZS} - \left(\boldsymbol{u} - \boldsymbol{1}_{3N} \boldsymbol{u}_0 \right) \right\|_2 \tag{9-13}$$

$$\boldsymbol{S}{=}[\boldsymbol{P};\boldsymbol{Q}]$$

式中：$\boldsymbol{S}$ 为智能电能表电压电流数据所求得的功率矩阵。

最终，参数 $\boldsymbol{Z}$ 的计算公式为

$$\boldsymbol{Z} = \left(\boldsymbol{u} - \boldsymbol{1}_{3N} \boldsymbol{u}_0 \right) \boldsymbol{S}^{\mathrm{T}} \left(\boldsymbol{SS}^{\mathrm{T}} \right)^{-1} \tag{9-14}$$

9.2　低压台区电压协调控制模型

9.2.1　目标函数

在稳定性方面，随着大量户用光伏并入低压台区，因其出力特性与负荷用

电特性不匹配，导致台区内节点电压越限问题严重。此外，低压台区在单相负荷和单相光伏分布不均网的情况下还会产生电压三相不平衡现象。在经济性方面，由于所建立的低压台区三相线性近似模型未考虑网络损耗，所以未将网损设定为目标函数，而采用调控设备总出力作为经济性指标。综上，将以下三项指标作为目标函数。

（1）节点电压越限程度。节点电压越限程度为某一时刻下各电压越限节点的电压幅值与电压允许值之间差值的和，即

$$f_1 = \sum_{n=1}^{N} \sum_{\varphi \in \phi} U'_{n,\varphi} \tag{9-15}$$

$$U'_{n,\varphi} = \begin{cases} U_{n,\varphi} - U_{\max} & (U_{n,\varphi} > U_{\max}) \\ 0 & (U_{\min} \leqslant U_{n,\varphi} \leqslant U_{\max}) \\ U_{\min} - U_{n,\varphi} & (U_{n,\varphi} < U_{\min}) \end{cases} \tag{9-16}$$

式中：φ 为相别；ϕ 为 ABC 三相的集合；$U'_{n,\varphi}$ 为节点 n 中 φ 相的电压越限量；$U_{n,\varphi}$ 为节点 n 中 φ 相的电压标幺值；$U_{\min}$ 和 $U_{\max}$ 分别为节点电压最小和最大允许值。

节点电压越限程度目标函数旨在将越限的节点电压控制在电压允许范围内。与通常文献中采用的电压偏差目标函数（即所有节点电压与 1p.u.之间差值的绝对值之和）相比，其优势在于它能够有针对性地将越限电压控制在允许范围内，而不需要干预正常的节点电压，也无需将电压控制在 1p.u.附近，从而减小了电压的波动和调控成本。

（2）VUF 越限程度。VUF 越限程度为某一时刻下各 VUF 越限节点的 VUF 与其允许值之间差值的和，如

$$f_2 = \sum_{n=1}^{N} VUF'_n \tag{9-17}$$

$$VUF'_n = \begin{cases} VUF_n - VUF_{\max} & (VUF_n > VUF_{\max}) \\ 0 & (VUF_n < VUF_{\max}) \end{cases} \tag{9-18}$$

$$\begin{cases} VUF_n = \dfrac{\max\{U_{n,\mathrm{Aa}}, U_{n,\mathrm{Ba}}, U_{n,\mathrm{Ca}}\}}{U_{n,\mathrm{ave}}} \times 100\% \\[2mm] U_{n,\mathrm{Aa}} = \left| U_{n,\mathrm{A}} - U_{n,\mathrm{ave}} \right| \\[2mm] U_{n,\mathrm{Ba}} = \left| U_{n,\mathrm{B}} - U_{n,\mathrm{ave}} \right| \\[2mm] U_{n,\mathrm{Ca}} = \left| U_{n,\mathrm{C}} - U_{n,\mathrm{ave}} \right| \\[2mm] U_{n,\mathrm{ave}} = \dfrac{U_{n,\mathrm{A}} + U_{n,\mathrm{B}} + U_{n,\mathrm{C}}}{3} \end{cases} \tag{9-19}$$

式中：VUF_n' 为节点 n 的 VUF 越限量；$VUF_{\max}$ 为 VUF 最大允许值；$U_{n,\mathrm{Aa}}$、$U_{n,\mathrm{Ba}}$ 和 $U_{n,\mathrm{Ca}}$ 分别为节点 n 的 ABC 三相电压与电压平均值的差值；$U_{n,\mathrm{ave}}$ 为节点 n 的电压平均值。

（3）调控设备总出力。调控设备总出力为某一时刻下所有调控设备出力的绝对值之和，即

$$f_3 = \sum_{j \in J} \left| x_j \right| \tag{9-20}$$

式中：j 为调控设备编号；J 为所有可调控设备的集合；x_j 为调控设备 j 的有功或无功出力。

通过将调控设备的总出力纳入目标函数，在确保最小化电压越限程度和 VUF 越限程度的同时，降低调控设备的总输出功率。这一方法可以提高电压控制策略的经济性。

综合考虑台区节点电压越限程度、VUF 越限程度和调控设备总出力，低压台区电压协调控制多目标优化函数为

$$\min F = [f_1, f_2, f_3] \tag{9-21}$$

9.2.2　调控设备

PVI 具备多种功能，既能够向电网提供有功功率，同时又能吸收无功功率解决电压越限问题，或者发出无功功率以防止电压下降。其无功调节成本与逆变器的投资成本、逆变器的使用寿命和控制周期等因素相关，一般约为 0.067 元/(kvarh)。PVI 因投资费用低、无功出力调节灵活、响应速度快和可频繁调节等优点，逐渐被广泛应用电压控制领域。

随着储能技术的不断成熟，具有快速充放电响应能力的 ESS 逐步成为改善

配电网供电质量和提升配电网可再生能源消纳能力的关键设备。ESS 在日间能够储存过剩的光伏发电能量，避免电压越限问题，在夜间能够释放有功功率，缓解欠电压现象，达到削峰填谷和电压控制的目的，提高电能利用效率。但是，ESS 在一些方面也存在一定的限制。首先，在低压台区内，ESS 的数量相对较少，容量较低，其电压调控能力有限。其次，ESS 的工作寿命受限于充放电次数，频繁的充放电会显著降低其工作寿命。最后，当前 ESS 的投资建设成本较高，导致有功调节成本约为 0.8（元/kWh）。

综上所述，虽然在阻抗比比较大的低压台区中，电压—有功灵敏度的数值大于电压—无功灵敏度的数值，ESS 的有功功率相对于 PVI 的无功功率对于电压控制的效果更好，但是 ESS 的调节成本约为 PVI 调节成本的 12 倍，其经济性较差，且数量有限，不适合作为电压控制的首要手段。然而，PVI 的无功可调容量受逆变器容量和当前光伏有功出力的限制，在中午随着有功输出的增加，无功可调容量减小。若单独采用 PVI 进行电压控制，则在电压严重越限时刻可能会产生可调容量不足的情况，无法将电压控制在允许范围内。

因此，结合 PVI 和 ESS 的两阶段电压协调控制策略被采用。首先，当线路中节点电压或 VUF 越限时，采用 PVI 的无功功率进行调压，以充分发挥其经济性优势。当 PVI 无功出力达到最大可调容量，而电压问题仍未解决时，进入第二阶段控制，通过 ESS 有功功率来辅助控制节点电压，以解决 PVI 单独调控的局限性。

9.2.3 约束条件

因低压台区的功率平衡、PVI 和 ESS 的运行限制，建立包括节点功率、电压幅值、VUF、PVI 出力、ESS 状态等方面的约束条件。

（1）节点功率平衡约束。各节点注入的有功功率和无功功率与该节点所接光伏、PVI、ESS 和负荷出力有关，即

$$\begin{cases} P_{n,\varphi}(t) = P_{\mathrm{ESS},n,\varphi}(t) + P_{\mathrm{PV},n,\varphi}(t) - P_{\mathrm{Load},n,\varphi}(t) \\ Q_{n,\varphi}(t) = Q_{\mathrm{PVI},n,\varphi}(t) - Q_{\mathrm{Load},n,\varphi}(t) \end{cases}$$

$$(9\text{-}22)$$

式中：$P_{n,\varphi}(t)$ 和 $Q_{r,\varphi}(t)$ 分别为 t 时刻注入节点 n 中 φ 相的有功功率和无功功率；$P_{\mathrm{Load},n,\varphi}(t)$ 和 $Q_{\mathrm{Load},n,\varphi}(t)$ 分别为 t 时刻节点 n 中 φ 相的有功负荷和无功负荷；$P_{\mathrm{PV},n,\varphi}(t)$ 为 t 时刻节点 n 中 φ 相的户用分布式光伏出力；$P_{\mathrm{ESS},n,\varphi}(t)$ 为 t 时刻节点 n 中 φ 相的 ESS 有功充放电功率；$Q_{\mathrm{PVI},n,\varphi}(t)$ 为 t 时刻节点 n 中 φ 相的 PVI

无功功率。

（2）电压幅值约束。低压台区运行时，各节点的电压应保持在规定的允许范围内，即

$$U_{\min} \leqslant U_{n,\varphi}(t) \leqslant U_{\max} \tag{9-23}$$

式中：$U_{n,\varphi}(t)$ 为 t 时刻节点 n 中 φ 相的电压标幺值；在低压台区中，$U_{\min}$ 和 $U_{\max}$ 分别为 0.9p.u. 和 1.07p.u.。

（3）VUF 约束。低压台区运行时，各节点的电压 VUF 应保持在规定的允许范围内，即

$$VUF_n(t) \leqslant VUF_{\max} \tag{9-24}$$

式中：$VUF_n(t)$ 为 t 时刻节点 n 的电压 VUF；$VUF_{\max}$ 在低压台区中取 2%。

（4）PVI 无功出力约束。PVI 的无功出力应处于其最大无功可调容量范围内，而 PVI 的最大无功可调容量由 PVI 的容量和当前光伏有功出力来确定，即

$$\begin{cases} -Q_{\mathrm{PVI},n,\varphi}^{\max}(t) \leqslant Q_{\mathrm{PVI},n,\varphi}(t) \leqslant Q_{\mathrm{PVI},n,\varphi}^{\max}(t) \\ Q_{\mathrm{PVI},n,\varphi}^{\max}(t) = \sqrt{S_{\mathrm{PVI},n,\varphi}{}^2 - P_{\mathrm{PV},n,\varphi}(t)^2} \end{cases} \tag{9-25}$$

式中：$Q_{\mathrm{PVI},n,\varphi}^{\max}(t)$ 为节点 n 中 φ 相 PVI 的最大无功可调容量；$S_{\mathrm{PVI},n,\varphi}$ 为节点 n 中 φ 相 PVI 的容量，一般为光伏额定有功的 1.1 倍。

（5）储能状态约束。ESS 在参与电压控制时需要满足以下约束条件。首先，为确保 ESS 的使用寿命，ESS 荷电状态（state of charge，SOC）应维持在允许范围内。其次，ESS 的充放电功率不能超过额定值。然后，ESS 的 SOC 会根据上一个时间段内 ESS 的充放电功率变化而变化。最后，为实现每一天开始电压控制时 ESS 的 SOC 都为最佳状态，需保持 ESS 的 SOC 在当天最后时刻与初始时刻的 SOC 相等。约束条件为

$$\begin{cases} SOC_{\min} = SOC_{n,\varphi}(t) = SOC_{\max} \\ -P_{\mathrm{ESS}}^{\mathrm{N}} \leqslant P_{\mathrm{ESS},n,\varphi}(t) \leqslant P_{\mathrm{ESS}}^{\mathrm{N}} \\ SOC_{n,\varphi}(t+1) = SOC_{n,\varphi}(t) - \dfrac{\eta_{\mathrm{ESS}} \cdot P_{\mathrm{ESS},n,\varphi}(t) \cdot \Delta t}{S_{\mathrm{ESS}}} \\ SOC_{n,\varphi}(T) = SOC_{n,\varphi}(0) \end{cases} \tag{9-26}$$

式中：$SOC_{\min}$ 和 $SOC_{\max}$ 分别为 SOC 的上下限，分别取 20% 和 80%；$SOC_{n,\varphi}(t)$ 为 t 时刻注入节点 n 中 φ 相的 SOC；$P_{\mathrm{ESS}}^{\mathrm{N}}$ 为 ESS 额定充放电功率；η_{ESS} 为 ESS 充放电效率；Δt 为调控时间间隔；S_{ESS} 为 ESS 额定容量；T 为最后一个调控时刻。

9.3 模型求解

9.3.1 改进的多目标粒子群算法（IMOPSO）

传统的多目标粒子群算法（multiple objective particle swarm optimization，MOPSO）在应用中存在一些显著不足之处，如容易陷入局部最优解、对高维多目标问题收敛速度较慢、难以处理分布不均匀的 Pareto 前沿和约束问题。这些问题限制了传统 MOPSO 在处理复杂多目标优化问题时的应用。因此，为解决低压台区电压协调控制多目标优化问题，采用了多种改进方法来提高 MOPSO 的计算效果。

（1）非线性自适应惯性权重。传统的惯性权重取值方法通常以迭代次数的增加而线性或非线性的递减，但该方法未考虑到当前粒子的特性。本节采用一种基于当前粒子与种群最优粒子的距离远近的自适应惯性权重变化策略。当粒子与最优粒子的距离较远时，说明粒子远离最优解，应取较大的惯性权重以增强全局搜索能力。而当距离较近时，说明粒子接近最优解，应取较小的惯性权重以加速局部寻优和提高收敛速度。非线性自适应惯性权重变化公式为

$$\begin{cases} w_n^{(k)} = w_{\min} + (w_{\max} - w_{\min})\sin\left(\frac{\pi}{2}X_n^{(k)}\right) \\ X_n^{(k)} = \frac{1}{x_{\max} - x_{\min}}\frac{1}{D}\sum_{d=1}^{D}\left|g_d^{(k)} - x_{n,d}^{(k)}\right| \end{cases} \tag{9-27}$$

式中：$w_n^{(k)}$ 为第 n 个粒子在第 k 次迭代时的惯性权重；$w_{\min}$ 和 $w_{\max}$ 分别为最小最大惯性权重；$X_n^{(k)}$ 为第 n 个粒子在第 k 次迭代时与最优粒子的距离系数；D 为解空间总维数；d 为维数编号；$g_d^{(k)}$ 为第 k 次迭代时种群最优位置向量中第 d 维分量；$x_{n,d}^{(k)}$ 为第 n 个粒子在第 k 次迭代时位置向量的第 d 维分量。

（2）自适应学习因子。采用自适应学习因子变化策略，根据迭代次数的变化来动态调整学习因子的数值。个体学习因子在迭代初期较大，以防止 MOPSO 过早陷入局部最优解，随着迭代次数的增加而递减。而群体学习因子在迭代初期较小，以增加 MOPSO 的全局搜索能力，随着迭代次数的增加而逐渐递增，以提高 MOPSO 在迭代后期的收敛速度。这一学习因子的自适应调整策略有助于平衡全局搜索和局部搜索的能力，从而提高 MOPSO 的收敛性能。自适应学

习因子变化公式为

$$\begin{cases} c_1 = \left[(c_{\min} - c_{\max}) \dfrac{k}{k_{\max}} \right] + c_{\max} \\ c_2 = \left[(c_{\max} - c_{\min}) \dfrac{k}{k_{\max}} \right] + c_{\min} \end{cases} \tag{9-28}$$

式中：c_1 为个体学习因子；c_2 为群体学习因子；$c_{\max}$ 和 $c_{\min}$ 分别为学习因子的最大最小值；k 为当前迭代次数；$k_{\max}$ 为最大迭代次数。

（3）突变操作。为使 MOPSO 更好地应对容易陷入局部最优解的困扰，并在全局搜索中更广泛的寻找潜在解，引入突变操作。在突变操作中，每个粒子以一定的概率在一个随机的维度上发生突变。如果突变后的粒子支配了突变前的粒子，那么粒子的位置将被更新。否则，以 50%的概率再次尝试突变。如果再次突变后的粒子仍未能支配突变前的粒子，那么突变将不被接受。

（4）层次分析法和熵权法。Pareto 最优解集包含了在多个目标函数下都无法改进的解，因此不存在单一的最优解。在获得 MOPSO 的 Pareto 最优解集后，采用层次分析法（analytic hierarchy process，AHP）和熵权法对多个目标函数进行综合评价，在解集中选取各个目标都相对较优最优解。

AHP 代表了主观权重分配方法，其主要优点在于能够更合理地根据实际问题和主观经验确定权重。然而，这使得结果更加主观化，可能与实际数据脱节。另一方面，熵权法代表了客观权重分配方法，它通过对原始数据进行分析和整理，运用数学方法计算权重，因此具有较高的客观性。但是它无法反映对不同目标函数的倾向，容易导致结果与实际情况相矛盾。为了平衡主观和客观权重分配方法的优缺点，将 AHP 和熵权法的优点相结合，采用主客观组合权重分配方法。这种方法在尊重客观数据的基础上考虑了决策者的倾向，能够获得更为准确的评估数据，实现对最优解的选取。三个目标函数的综合权重计算公式为

$$\omega_i = \frac{\omega_i^{\mathrm{EWM}} \cdot \omega_i^{\mathrm{AHP}'}}{\sum\limits_{i=1}^{3} \omega_i^{\mathrm{EWM}} \cdot \omega_i^{\mathrm{AHP}'}}, i = 1, 2, 3 \tag{9-29}$$

式中：$i=1,2,3$，分别对应三个目标函数；ω_i 为第 i 个目标函数的综合权重；ω_i^{EWM} 为 EWM 计算的第 i 个目标函数权重；ω_i^{AHP} 为 AHP 计算的第 i 个目标函数权重。

9.3.2　电压协调控制策略流程

图 9-1 为基于数据驱动的含高比例户用光伏低压台区电压协调控制策略流程图。该流程图分为三个主要阶段：线性近似模型计算电压、PVI 无功电压控

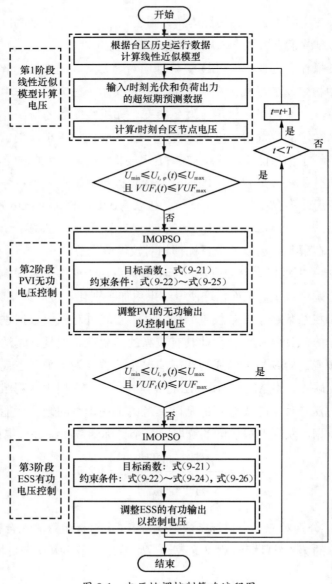

图 9-1　电压协调控制策略流程图

制，以及 ESS 有功电压控制。

在第 1 阶段，首先，根据台区历史运行数据，计算三相线性近似模型。然后，以 15min 为时间间隔进行电压滚动计算，将某一时刻下光伏和负荷的超短期预测数据代入线性近似模型，计算节点电压。最后，检查是否存在电压越限或三相不平衡问题。如果问题存在，则进入第二阶段。

在第 2 阶段，采用改进的多目标粒子群算法，以式（9-21）作为目标函数，以式（9-22）～式（9-25）作为约束条件，来调整 PVI 的无功输出以控制电压。如果在 PVI 输出最大无功功率的情况下仍然存在电压越限或三相不平衡问题，则进入第三阶段。

在第 3 阶段，同样采用改进的多目标粒子群算法，以式（9-21）作为目标函数，以式（9-22）～式（9-24）和式（9-26）作为约束条件，来调整 ESS 的有功输出，以完成电压协调控制。

· 9.4　算例分析 ·

9.4.1　参数设置

以某事郊区的 21 节点高比例户用光伏低压台区作为算例分析的对象。该台区内包含单相或三相安装的户用光伏和 ESS，台区拓扑结构和设备接入位置如图 9-2 所示。台区内所有单相户用光伏的额定功率为 6.5kW，PVI 容量为光伏额

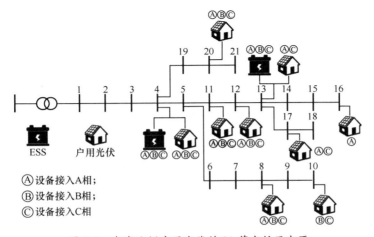

图 9-2　含高比例户用光伏的 21 节点低压台区

定功率的 1.1 倍。所有单相 ESS 的额定容量为 20kWh，ESS 额定充放电功率为 4kW，充放电效率为 0.94。

需进行调控的典型日光伏和负荷出力超短期预测值如图 9-3 所示。光伏出力的基准值为光伏额定功率，鉴于台区内各节点距离相近，户用光伏受到相似的光照和气温条件，因此假设台区内所有光伏设备的出力相同。各节点各相负荷基准值数据见表 9-1。

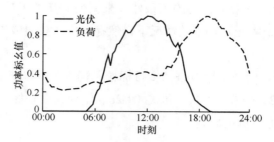

图 9-3　典型日户用光伏和负荷出力曲线

表 9-1　　　　　　　　　　台区各节点各相负荷基准值

节点	负荷基准值					
	P_A （kW）	Q_A （kvar）	P_B （kW）	Q_B （kvar）	P_C （kW）	Q_C （kvar）
1	0.00	0.00	0.00	0.00	0.00	0.00
2	2.20	0.88	1.04	0.42	1.80	0.72
3	1.97	0.79	2.59	1.03	1.58	0.63
4	1.70	0.68	1.43	0.57	1.87	0.75
5	1.49	0.59	1.94	0.78	2.57	1.03
6	0.33	0.13	0.33	0.13	5.15	2.06
7	3.61	1.45	4.44	1.77	3.19	1.28
8	0.33	0.13	2.80	1.12	3.26	1.30
9	0.33	0.13	2.84	1.14	3.43	1.37
10	3.29	1.32	1.57	0.63	1.87	0.75
11	2.34	0.94	2.31	0.92	2.73	1.09
12	0.33	0.13	2.61	1.04	3.30	1.32
13	2.28	0.91	1.55	0.62	2.16	0.86
14	2.05	0.82	0.85	0.34	3.67	1.47
15	0.33	0.13	2.31	0.92	1.87	0.75
16	3.77	0.15	2.45	0.98	0.33	0.13
17	1.41	0.56	2.29	0.91	1.72	0.69
18	0.33	0.13	1.27	0.51	1.01	0.40

续表

节点	负荷基准值					
	P_A（kW）	Q_A（kvar）	P_B（kW）	Q_B（kvar）	P_C（kW）	Q_C（kvar）
19	0.33	0.13	4.04	1.62	3.41	1.36
20	2.05	0.82	3.33	1.33	4.38	1.75
21	3.53	1.41	2.29	0.91	3.17	1.27

9.4.2 台区三相线性近似模型电压计算误差分析

为验证台区三相线性近似模型的电压计算准确性，首先从配电网主站数据库中提取该台区 7 天每天 96 时刻的节点三相电压 U'_Ω 和电流 I'_Ω 历史运行数据，并根据 U'_Ω、I'_Ω 计算视在功率 S'_Ω。其次，将前 5 天的数据记为 U'^a_Ω 和 S'^a_Ω，利用式（9-14）计算 Z。然后将后两天的数据记为 U'^b_Ω 和 S'^b_Ω，将 U'^b_Ω、S'^b_Ω 和 Z 代入式（9-13），求出采用台区三相线性近似模型的电压计算值 U^b_Ω。最后，计算各节点三相电压实际值与计算值的误差 $\Delta U = U'^b_\Omega - U^b_\Omega$。$\Delta U$ 概率密度分布如图 9-4 所示。

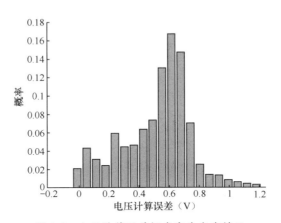

图 9-4 电压计算误差概率密度分布情况

由图 9-4 可知，该模型的电压计算误差均位于 0～1V 范围内，最大相对误差为 0.45%，平均误差为 0.447V。这一结果验证了三相线性近似模型在电压计算方面的准确性。

9.4.3 不同控制策略电压控制效果分析

采用不同电压控制策略对电压控制效果进行分析，不同电压控制策略如表 9-2 所示，不同电压控制策略的控制效果见表 9-3。

表 9-2　　　　　　　　　　不同电压控制策略

策略	电压控制策略
1	无控制
2	协调控制策略
3	单独 PVI 无功电压控制
4	单独 ESS 有功电压控制
5	以电压偏差和 VUF 偏差最小为目标函数的控制策略

表 9-3　　　　　　　　　　不同电压控制策略的控制效果

参数	策略 1	策略 2	策略 3	策略 4	策略 5
电压越限次数（次）	1277	0	253	1121	0
电压越限总量（p.u.）	22.9	0	2.3	18.9	0
VUF 越限次数（次）	641	0	0	487	0
VUF 越限总量（%）	411.3	0	0	237.7	0
PVI 总出力（kvar）	0	1377.4	1377.4	0	5609.1
ESS 总出力（kW）	0	42.28	0	346.6	204.3
电压控制成本（元）	0	126.1	92.3	277.3	544.8

（1）策略 1 与策略 2 对比分析。图 9-5～图 9-8 分别为无控制时和采用策略 2 控制时台区 21 节点 96 个时刻的三相电压和 VUF 情况。

（2）策略 1 与策略 2 对比分析。从表 9-1 的数据可以看出，在采用策略 3 进行电压控制后，仍然发生了 135 次电压越限情况，PVI 出力情况如图 9-9 所示。在采用策略 4 进行电压控制后，相较于无控制时，电压越限总量（各时段越限节点数的累计和）和 VUF 越限总量仅降低了 17.55% 和 42.22%，储能 SOC 变化情况如图 9-10 所示。

从图 9-9 中可以看出，在 12:00 时刻附近光伏发电的出力达到最大值，PVI 的出力被限制，远低于 18:00 时刻的 PVI 出力，这导致 PVI 难以在该时刻将电压控制在允许的范围内。从图 9-10 中可以观察到，两个 ESS 的 SOC 分别在 10:00 和 16:30 达到上限和下限，因此无法再继续释放或吸收功率以进行电压控制，导致策略 4 的调控能力有限。

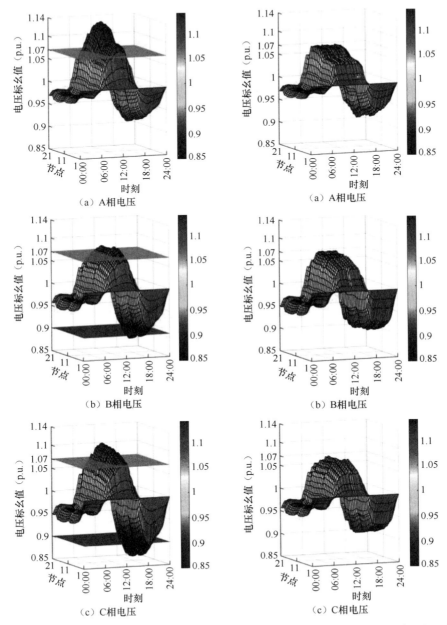

图 9-5　无控制时台区节点电压情况　　图 9-6　采用控制策略 2 时台区节点电压情况

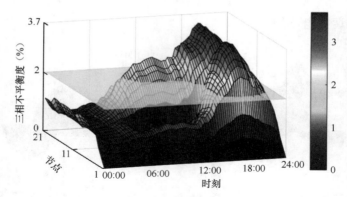

图 9-7　无控制时台区节点 VUF 情况

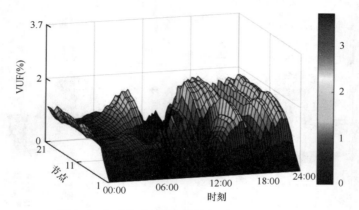

图 9-8　采用策略 2 控制时台区节点 VUF 情况

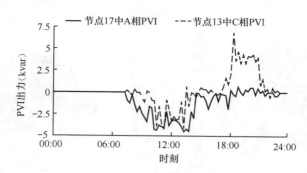

图 9-9　采用策略 3 控制时 PVI 出力情况

策略 2 不仅能够弥补 PVI 和 SOC 的不足，在电压控制效果方面更为出色，而且在经济性方面，与控制策略 4 相比，电压控制成本更低。

（3）策略 2 与策略 5 对比分析。策略 5 虽然能够将电压和 VUF 完全控制在允许范围内，但与策略 2 相比，电压控制成本增加了 96.47%。进一步验证了目标函数既能够满足电压控制的要求，又能够降低调控成本，提高控制策略的经济性。

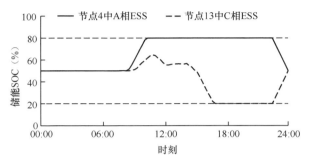

图 9-10　采用策略 4 控制时储能 SOC 情况

9.4.4　不同求解方法收敛性分析

针对 9:45 时刻，分别使用 MOPSO 和 IMOPSO 进行计算。在第 10 次迭代时，Pareto 解集的分布如图 9-11 和图 9-12 所示。

从图 9-12 中可以观察到，IMOPSO 算法在搜索精度上表现更出色，具有更快的收敛速度，其 Pareto 解集的多样性更佳，分布更均匀。

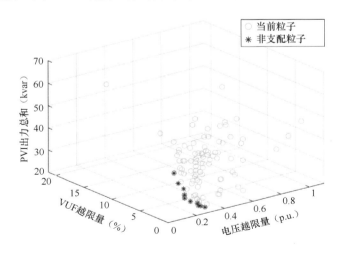

图 9-11　MOPSO 算法的 Pareto 解集分布

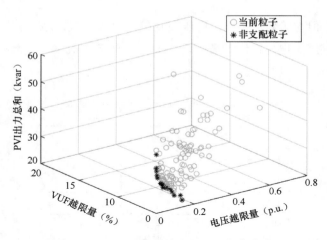

图 9-12　IMOPSO 算法的 Pareto 解集分布

9.4.5　潮流计算与线性近似模型计算速度分析

策略 6 为在策略 2 的基础上，已知台区拓扑参数，采用潮流计算来求出节点电压的控制策略。两种策略在典型日采用 IMOPSO 算法进行单一时刻电压控制的计算时间如下表 9-4 所示。

表 9-4　　　　　　　　　　两种策略单一时刻电压控制计算时间

策略类型	策略 2	策略 6
计算时间	5.74s	38.3s

由表 9-4 中可以看出，策略 2 计算时间仅为策略 6 的 14.9%，更适用于多节点个数短时间间隔的电压控制问题。

• 9.5　本章小结 •

本章针对拓扑未知的含高比例户用光伏低压台区电压协调控制策略问题展开了研究，得出如下结论：

（1）建立了台区三相线性近似模型，通过数据驱动的方式，有效地拟合了节点注入功率和电压之间的映射关系，解决了因台区拓扑未知、无法进行潮流计算而无法将控制策略应用于低压台区的问题。该模型的电压计算平均误差仅为 0.2%，并且相较于潮流计算，计算速度提高了 85.1%。

（2）所提出的电压协调控制策略充分结合了 PVI 的经济性优势和 ESS 的灵活性优势，成功弥补了单独采用 PVI 或 ESS 进行电压控制时的局限性。该策略能够完全抑制台区内电压越限和三相不平衡问题。

（3）电压调控目标函数综合考虑了电压越限程度、VUF 越限程度和调控设备出力，仿真结果表明，该目标函数既保障了台区内电压的稳定性，又降低了调控成本 54.5%。

（4）对 MOPSO 算法进行了多方面地改进，更好地平衡了算法的全局搜索能力和局部搜索能力，避免陷入局部最优，加快了收敛速度，显著提高了算法的性能。

第 10 章

分布式光伏运行状态综合评价模型

　　随着现代社会的高速发展及人们对能源特别是对电力需求的不断增长，人类生产力的进步越来越依靠于电力产业的发展，致使电力系统的发展规模越来越大。但是，在电力工业中，特别是在火力发电厂中，煤炭发电技术仍然是现代社会发电的主要来源。社会和经济的发展离不开能源资源，人民生活水平的提高已导致对能源资源需求的快速增长成为必然现象。而在同一时段横向对比于世界能源需求的增速，我国的能源需求明显更高。国内经济发展的迅猛增长和对能源需求的过度依赖，使传统的一次能源面临被耗尽的风险。同时大规模使用传统化石能源也给生态环境带来了许多负面问题，如全球气候的变化、热污染和酸雨的形成等。所以，以消耗一次能源为代价的电力发电技术已不能满足现代社会的可持续发展的要求，同时传统能源的短缺和大气环境严重污染等问题已经引起每个国家的高度注视。在这种情况下，新能源的开发无疑是最佳选择。

　　与传统能源相比，太阳能资源具有无与伦比的优点：太阳能资源分布广泛，不受地域限制；蕴藏量极为丰富，取之不尽，用之不竭；太阳能资源属于清洁能源，在利用过程中不会释放有害气体。另外，随着单晶硅电池制造工艺的进步，转化效率的提高，以及各国政府的大力扶持，光伏发电作为一种新兴的发电方式在世界各地得到了迅猛地发展。同时，我国是世界上太阳能资源储量极为丰富的国家之一，资源开发潜力巨大。我国大陆各地区太阳能年辐射强度达到 $5 \times 10^{16} MJ$，其热值相当于 $2.4 \times 10^4 t$ 标准煤。因而，在我国大力发展光伏发电具有得天独厚的优势。

　　然而，随着大型光伏电站的相继投产，光伏容量急剧增加，电网的动态特性也变得日趋复杂。因光伏发电设备本身为静止元件，不存在转动惯量，大规模光伏电力接入必然不利于电网等效惯量的增加，这对大扰动后系统暂态稳定性的提升影响巨大。由此可见，分布式光伏能源的并网，改变了传统电力系统的结构，影响了电力系统经济性、稳定性、电能质量等各项指标，原有的电力系统综合评估体系显然已无法对分布式光伏并网后的新型电力系统进行评估，因此，亟需一套形成体系、可以量化的评估标准。

综合考虑分布式光伏发电的经济性、可靠性和电能质量三个主要方面，对这三个方面的评估指标进行详细阐述，并对多种评估赋权方法进行介绍，制定一套较为全面的光伏并网运行状态评估模型。

光伏电站运行性能可由多个单一性指标进行体现，而光伏电站整体性能是多个单一性能指标综合作用的结果。仅利用单一指标难以对光伏电站运行情况作出全方位、高度客观的评价，进而不利于电网的正常稳定与安全运行。因此，有必要采用合适的统计学方法对大型光伏电站整体运行性能进行综合评价。

20 世纪七八十年代开始，国内外专家开始对综合评价方法展开大量研究，相关有影响力的专著相继问世，并涌现了多种各具特色的综合评价方法。这些综合评价方法包括模糊评价法、变异系数法、熵权法、层次分析法、逼近理想解排序法、灰色关联分析法等。虽然可利用的综合评价手段众多，但由于每种方法评价思路不同，使用对象千差万别，各有优缺点。

层次分析法（analytic hierarchy process，AHP）是 20 世纪 80 年代由美国运筹学教授 T.L.Satty 提出的一种简便、灵活而又实用的多准则决策方法。它根据问题的性质和要达到的目标分解出问题的组成因素，并按因素间的相互关系将因素层次化，组成一个层次结构模型，然后按层分析，最终获得最低层因素对于最高层（总目标）的重要性权值。该方法可靠性较高、误差小，但评价对象的影响因素不能太多，评价结果受专家经验影响较大，且判断矩阵需要进行一致性校验。层次分析法普遍应用于成本效益决策、资源分配次序等领域。

熵权法是一种用于多指标优化决策的客观赋权方法。熵原本是热力学中表征物质混乱状态的参量，随后由 C.E.Shannon 引入信息论，称之为信息熵。C.E.Shannon 定义的信息熵与热力学中的熵在内涵上有较大的差异，但仍具有热力学熵的单值性、可加性等基本性质，因而应用领域更为广泛。在具体评价中，根据各指标的变异程度确定相应熵权，进而通过熵权对各指标权重进行修正从而得到较为客观的指标权重。

逼近理想解排序法（TOPSIS）又称为理想解法、优劣解距离法、理想点法，由 C.L.Hwang 和 K.Yoon 于 1981 年首次提出。TOPSIS 法是根据评价对象与理想解的接近程度进行排序的综合评价方法，即根据评价指标个数建立多维空间，每个评价对象为多维空间中的一个点，当评价点离正理想点越近时，则评价结果越好，相反则越差，进而可实现对评价对象的综合评价排序。TOPSIS 法结果能精确地反映各评价方案的差异，指标数量没有严格限制，计算简单，在优化系统的评价与决策方面得到了广泛的应用。

虽然国内外对综合评价方法展开了大量的研究，但综合评价技术应用于光伏新能源领域却鲜有报道。现阶段，各种指标赋权方法及针对赋权后的权重进行评价的模型已被国内外的研究者应用到不同的领域，在电力系统领域已被广泛应用于电网运行状态的评价、主动配电网、整个电网系统等发方面，对于含高渗透率的分布式光伏电力系统光伏运行状态评价很少，因此针对分布式光伏电站运行特点，尝试采用层次分析法和熵权法确定各评价指标主、客观权重，进而计算光伏电站指标的综合权重，最后应对光伏电站运行性能的综合评价排序。

10.1　分布式光伏系统运行特性

10.1.1　分布式光伏系统的运行特点及并网形式

由于我国地域辽阔，光伏发电等分布式能源的优势在电力发展方面逐渐显露出来，导致分布式能源发电在第三代电网的比例将会大范围增加。当前世界大多数国家的战略选择是加快构建以分布式能源为主体的清洁环保、绿色低碳的能源系统。随着大量的分布式能源并入配电网，电力行业特别是主动配电网的运行状态变得更加灵活，并且传统的化石能源消耗则明显下降。除此之为，大量的分布式能源使用大大减少了对环境的污染，但分布式能源本身也存在一些问题。现阶段分布式能源主要是光伏和风能被广泛用于发电，其运行特点如下：

（1）供电稳定性弱。分布式光伏发电的运行高度依赖太阳能，但是，太阳能的控制因素诸如天气情况、昼夜时长、光照强度等因素都不容易控制，且每个光伏电站的光伏发电容量和发电功率都不尽相同，因此，其输出具有波动性和随机性等特点。所以，当分布式光伏发电并网的时候，为了将其输出功率控制在一定合适的范围以内，通常要求额外加储能系统以保证其供电稳定性。

（2）参与调峰能力差。随着越来越多分布式光伏电站的建立，部分传统机组的发电出力已被光伏发电替代，但因为光伏发电输出具有随机性和波动性，其并网后会使整个电力系统的调峰能力变差；又由于地理环境和工作时间安排的差异，其输出通常会因为一些技术问题而导致输出波动和负荷波动，这种现象在早晨和傍晚可以更加明显看到，这时正处于有无太阳光照的临界时间，光伏发电的输出功率变化率很大，其输出可以在额定输出的 0～100% 范围内变化。所以，分布式光伏发电并网后会大幅度减弱电力系统的调峰能力。在用户对电量需求不高时，光伏并网也会和风力发电类似的"弃风"问题，增加了电网运行的安全隐患。

（3）能量密度较小。能量密度是指一种物质单位体积或质量所含的能量，例如，电池的能量密度的大小是电池的电量除以它的体积。能量利用的能力强弱由能量密度决定。对于光伏发电，其能量密度非常小，虽然太阳的总能量是非常庞大的，但是表面的不均匀的分布导致平分到单位体积上的能量就会变得很少。一般情况下，为了增大能量密度，通常将光伏电站进行列阵来突出它们的集中效果。

10.1.2　分布式光伏系统经济运行的新特点

现阶段，随着分布式光伏发电大量并入配电网，给配电网带来了较大影响并降低了分布式光伏发电的经济效益。为配合以光伏为代表的清洁能源并入电力系统，主动配电网便应时而生。主动配电网是可以主动控制和管理的，通过有效的控制和管理手段，可以实现对分布式能源大量利用，从而提高配电网新能源利用率，并提升用户的用电体验。其运行特性具体表现如下：

（1）分布式电源的控制与调节。进行传统配电网潮流计算分析时，通常将分布式光伏发电当作一个特殊的负荷对待，对电网的优化与规划没有任何影响，从而忽视其自身的电源属性，因此，其消纳率很低。但是主动配电网可以利用"源—网—荷—储"的网络结构来控制潮流变化，充分考虑了配电网内每个模块存在的问题，并且进行合理分配以及改变电力系统的优化方式，从而提升了对分布式电源的消纳效果。因此，在配电网的调节和控制中，分布式电源消纳效果在主动配电网安全经济运行中起着很重要的作用。

（2）可控负荷管理。主动配电网可以对普通用户采取一些必要的措施让一部分固定负荷转为可以控制的负荷，如分时电价制度，即在用电高峰时期，电网企业可以给予一些必要的经济补偿，直接管理这些负荷进行开断。因此，这些负荷对主动配电网管理和控制电力负荷的变动产生了很重要的影响。

（3）基于现代技术的通信和监控手段。主动配电网具有更加灵活多变的运行方式，其中对数据的观察和监管要求非常高，唯有通过非常精准的监控装置和性能优良的通信装置才能从整体上测量和记录当时的运行状态。在发生突发情况时，配电网技术人员才能够依据当时的运行状态快速准确采取相关措施，减小因事故造成的经济损失。

因此，相比于传统配电网，主动配电网具有更可持续的能源体系、更灵活的电网结构、更可控的储能设备和更高效的电源出力特性，对促进我国能源结构优化和规划有重要的意义。

—— • 10.2 分布式光伏系统综合评估指标体系 • ——

10.2.1 分布式光伏系统经济性评估指标定义

在分布式光伏系统评估过程中为了提升各指标与实际的贴近程度，各指标首先要明确与评估目的一致性，要尽可能反映主动配电网的实际特征，尽可能考虑一切重要指标。在经济性的评估中，主要包括成本与收益两大部分，其中成本包含投资成本与运行成本等，收益又与发电市场、容量利用率、弃光率等有关，下面就这些方面介绍分布式光伏系统经济性的评估指标。

（1）设备投资购置成本。分布式光伏系统可以采用的设备众多，不同的设备可进一步组成不同形式的光伏电站，投资购置成本 C_{total} 反应分布式光伏系统各个设备的总投资费用，计算公式为

$$C_{total} = \sum_{tech} I_{nvtech} C_{aptech} \frac{I}{1-(1+I)^{-L_{ttech}}} \quad (10\text{-}1)$$

式中：I_{nvtech} 为分布式光伏系统各个设备的费用；C_{aptech} 为分布式光伏系统中光伏发电设计的最优容量；I 为折现率；L_{ttech} 为分布式光伏系统中光伏设备的使用寿命。

（2）运行成本。运行成本 C_{rc} 主要包括光伏发电重要设备年运行费用和光伏电站工作人员工资总支出，即

$$C_{rc} = C_{om} + C_{pay} \quad (10\text{-}2)$$

其中

$$C_{om} = \sum_{tech} O_{Mtech} \sum_{m} \sum_{h} E_{tech,m,h} \quad (10\text{-}3)$$

$$C_{pay} = \sum_{1}^{n} C_{eachpay} \tag{10-4}$$

式中：C_{om} 为光伏发电重要设备年运行费用；C_{pay} 为光伏电站工作人员总的工资支出；O_{Mtech} 为光伏发电设备的运行费用；$E_{tech,m,h}$ 为分布式光伏发电系统的逐时负荷；$C_{eachpay}$ 为光伏电站工作人员工资。

（3）发电时长。发电时长 t_{work} 由昼夜时间与天气情况决定，由于分布式光伏系统高度依赖外界条件，不同的昼夜时长与天气情况对发电时长影响很大，一般通过大数据算法结合当地的天气状况求出月度总发电时长。

（4）容量利用率。分布式光伏发电系统存在时变性，负荷随工作环境不同也具有时变性。使用最大剩余发用电比指标 $r_{sn,\max}$ 来衡量分布式光伏的容量利用情况，在时变周期内分析分布式光伏能源的消纳能力，计算线路、变压器等设备能够承担的最大潮流。计算公式为

$$r_{sn,\max} = \frac{\sum \max(P_G - P_L)}{S_{\Sigma}} \times 100\% \tag{10-5}$$

式中 ：P_G 为分布式光伏电站发电瞬时功率；P_L 为配电网中的负荷瞬时功率；S_{Σ} 为配电网中对应每条线路极限传输功率之和。

（5）等值环境收益。等值环境收益为分布式光伏系统生产的电能代替火力机组发电所带来的环境成本减少，本节主要研究二氧化碳和氮化物排放量减少的收益，即

$$C_{eco} = c_1 M_1 + c_2 M_2 \tag{10-6}$$

式中：C_{eco} 为等值环境收益；c_1 为 CO_2 排放所受罚款；M_1 为分布式光伏系统替代火力发电的 CO_2 减排；c_2 为 NO_x 排放所受罚款；M_2 为分布式光伏系统替代火力发电的 NO_x 减排。

10.2.2 分布式光伏系统稳定性评估指标定义

在源网荷互动增强的背景下，分布式光伏并网容量不断增加，光伏接入后导致的配电网电压质量、波形质量等关键电能质量问题不容忽视。电能质量评估对实测数据或仿真建模数据进行评价考察，可分为单项评估和综合评估。目前针对单一电能质量指标的研究，已经建立了一系列的相关标准，但只考虑单一的电能质量指标无法得到合理的评价结果，对电能质量进行综合评价仍是研

究的难点之一，因此有必要对系统中的多个电能质量指标进行全面评价。光伏出力具有随机性和波动性，且低压配电网容量相对较小，分布式光伏对电能质量造成的影响相对较大，因此有必要对光伏电能质量问题进行时间概率综合评估。

根据我国电能质量标准，其指标主要包括电压偏差、电压波动与闪变、谐波畸变率、三相不平衡、电压暂降、暂时电压降和供电连续性等。在分布式光伏运行过程中，由于光伏输出电流潮流的方向与供电方向相反，向配电网馈入电能，抬升了节点电压，引起电压偏差。同时，逆变器作为光伏系统的核心装置，向电网注入谐波。光照强度的波动性会导致分布式光伏出力波动，造成并网点电压波动问题。单相分布式光伏并网或光伏系统不对称故障会加剧系统三相不平衡的程度，而系统电压的三相不平衡也会对分布式光伏的运行造成影响。

上述电能质量指标影响中，节点电压偏差和注入谐波对配电网安全稳定运行的影响最大。综上，根据分布式光伏运行特性，选取电压偏差、频率偏差、电压波动、谐波畸变和电压合格率作为电能质量评估指标。

（1）电压偏差。电压偏差表达式为

$$\Delta U = \frac{U_{re} - U_N}{U_N} \times 100\% \tag{10-7}$$

其标准限值如表 10-1 所示。

表 10-1　　　　　　　　　　电压偏差标准限限制

限值	220V 单相供电	20kV 及以下三相供电	35kV 以上
上限值	+7%	+7%	+10%
下限值	−10%	−7%	−10%

（2）频率偏差。频率偏差是指实际频率值和标准值之间的差值，表达式为

$$\Delta f = f_m - f_N \tag{10-8}$$

其标准限值如表 10-2 所示。

表 10-2　　　　　　　　　　频率偏差标准限制　　　　　　　　　　（Hz）

限值	正常运行方式或冲击负荷情况	容量较小的电力系统
上限值	0.2	0.5
下限值	−0.2	−0.5

（3）电压波动。分布式光伏出力具有波动性，会导致节点电压波动。电压波动为电压方均根值的连续变化，以电压变动值 d 来衡量，标准限制如表 10-3

所示。电压波动会对负荷正常用电造成影响，更甚者会导致工业电动机转速异常，可能会对工商业用户造成严重的损失。

表 10-3　　　　　　　　　　　　电压波动标准限制

电压波动次数 r（次/h）	电压变动值 d（%）	
	$U_N \leq 35kV$	$35kV \leq U_N \leq 220kV$
$r \leq 1$	4	3
$1 \leq r \leq 10$	3	2.5
$10 \leq r \leq 100$	2	1.5
$100 \leq r \leq 1000$	1.5	1

注：U_N 为第 N 次的电压大小。

（4）谐波畸变率。谐波电压含量的标准限值如表 10-4 所示，谐波会降低电气设备的使用寿命，还会对测量装置、继电保护等设备的正常工作造成影响。

表 10-4　　　　　　　　　　　　电压谐波含量标准限制

电网电压（kV）	电压总谐波畸变率（%）	谐波电压含有率（%）	
		奇次	偶次
0.38	5.0	4.0	2.0
6、10	4.0	3.2	1.6
35、66	3.0	2.4	1.2
110、220	2.0	1.6	0.8

（5）电压合格率。电压合格率 r_v 表示系统对冲击响应的承受能力，电压合格率的计算方法为：符合要求的电压总时长与检测总时长的比值，即

$$r_v = \frac{T_{s-v}}{T_v} \tag{10-9}$$

式中：T_{s-v} 为检测合格范围内的电压总时长；T_v 为检测电压总时长。

10.2.3　分布式光伏系统调控性评估指标体系

GB/T 19964—2012《光伏发电站接入电力系统技术规定》、GB/T 29321—2012《光伏发电站无功补偿技术规范》等相关技术规范对分布式光伏电站的低电压穿越、有功控制、无功容量配置、高/低频率穿越等方面都做出了较为详细的规定。考虑到并网试验与现场运行条件的差异，以及综合分析各因素对分布

式光伏发电系统运行安全性影响的不同，本节主要选取低电压穿越成功率、有功波动抑制能力、并网点电压越限、动态无功响应能力、频率穿越成功率作为分布式光伏电站运行安全性评价指标，建立分布式光伏系统运行安全性评价体系。

（1）低电压穿越成功率指标。分布式光伏电站的突然脱网会给电网稳定性带来严重影响。当电力系统事故或扰动导致分布式光伏电站并网点电压跌落时，其应具有不脱网并连续运行一段时间的能力。分布式光伏系统的低电压穿越要求如图 10-1 所示，光伏电站应具有在并网点电压降低为 0 时可持续并网运行 0.15s 的能力，且电压跌落后的 2s 内并网点电压应返回至 0.9 倍的额定电压；当并网点电压跌至曲线以下时，分布式光伏发电站可从电网切出。

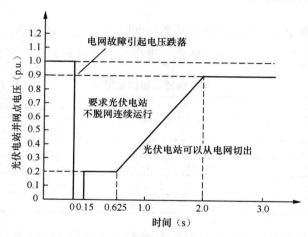

图 10-1　分布式光伏系统低电压穿越性能要求

当电网发生扰动时，可记录下光伏电站脱网情况，进而能够统计一段时间内光伏电站的低电压穿越总次数。将光伏电站穿越总次数与发生低电压次数之比定义为分布式光伏电站低电压穿越成功率指标 Ind_{LVRT}，Ind_{LVRT} 的具体计算公式为

$$Ind_{LVRT} = \frac{E}{F} \tag{10-10}$$

式中：E 为统计时间内光伏电站穿越总次数；F 为相同时间段内光伏电站发生低电压次数；Ind_{LVRT} 为分布式光伏电站低电压穿越成功率指标，该指标为正指标，值越大光伏电站低电压穿越能力越强。

（2）有功波动抑制能力指标。当光伏电站并网、正常停机以及太阳能辐射增长时，其有功功率的变化应满足电力系统安全稳定运行的要求。分布式光伏电站有功波动抑制能力分为 1min 有功波动抑制能力和 10min 有功波动抑制能力，有功变化限值见表 10-5 所示。根据 PMU 测得的并网点有功功率值计算出有功变化量，可对分布式光伏电站有功波动抑制能力进行评价。

有功功率变化量可每分钟统计一次，每累到 10min 后统计一次 10min 有功功率变化量。假设监测到某分布式光伏电站在某一定时间内共发生 m 次 1min 有功功率变化量越限事件和 n 次 10min 有功越限事件。分布式光伏电站 1min 和 10min 有功功率变化量最大限值分别为 P_1 和 P_{10}，1min 和 10min 有功越限值分别为 $P_i(i=1,2,\cdots,m)$ 和 $P_j(j=1,2,\cdots,n)$。则分布式光伏系统有功波动抑制能力指标 Ind_P 的定义如下

$$Ind_{1P} = \sum_{i=1}^{m}(P_i / P_1) \quad (i=1,2,\cdots,m) \tag{10-11}$$

$$Ind_{10P} = \sum_{j=1}^{n}(P_j / P_{10}) \quad (j=1,2,\cdots,n) \tag{10-12}$$

$$Ind_P = Ind_{1P} + Ind_{10P} \tag{10-13}$$

式中：Ind_{1P} 和 Ind_{10P} 分别为分布式光伏系统 1min 和 10min 有功波动抑制能力指标；Ind_P 为分布式光伏系统有功波动抑制能力指标，该指标为负指标，值越小说明分布式光伏电站的有功波动抑制能力越强。

表 10-5　　　　分布式光伏电站有功功率变化最大限值　　　（MW）

电站类型	10min 有功功率变化最大限值	1min 有功功率变化最大限值
小型	装机容量	0.2
中型	装机容量	装机容量/5
大型	装机容量/3	装机容量/10

（3）动态无功响应能力指标。为提高电网中电能质量，改善大容量光伏电力系统的运行稳定性与安全性，在分布式光伏电站中光伏逆变器的无功调控能力获得了大规模应用。在电网故障或异常情况下，从并网点电压跌落之时开始，动态无功电流应在 30ms 时间内响应。基于并网点电压和无功补偿装置开关量信息，可对分布式光伏电站 SVC/SVG 的动态无功响应能力进行评价。

假设检测到某光伏电站在某一段时间内共发生 m 次并网点电压越限事件，

对应的 SVC/SVG 响应时间为 $t_i(i=1,2,\cdots,m)$，那么 SVC/SVG 在该时间段内的动态无功响应能力指标 Ind_Q 的定义如下

$$Ind_Q = \frac{\sum\limits_{i=1}^{m} t_i / m}{t_d} \tag{10-14}$$

式中：t_d 为规定的 SVC/SVG 最慢响应时间，计算式的值可取 30；Ind_Q 为动态无功响应能力指标，该指标为逆指标，指标值越小说明 SVC/SVG 的动态响应性能越好。

（4）频率穿越成功率指标。分布式光伏系统频率穿越能力对电网安全稳定具有至关重要的影响。光伏电站的频率穿越性能要求如表 10-6 所示。

表 10-6 　　　　　　　　光伏电站在不同电力系统频率范围内的运行规定

频率范围（Hz）	运行要求
＜48	根据光伏电站逆变器允许运行的最低频率而定
$48 \leqslant f \leqslant 49.5$	频率每次低于 49.5Hz，光伏电站应能至少运行 10min
$49.5 \leqslant f \leqslant 50.2$	连续运行
$50.2 \leqslant f \leqslant 50.5$	频率每次高于 50.2Hz，光伏电站应能至少运行 2min
＞50.5	立刻终止向电网送电，且不允许处于停运状态的光伏电站并网

当电网发生高/低频事件时，可记录下光伏电站脱网情况，如果光伏电站没有脱网，则记录为该光伏电站一次频率穿越。记录一段时间内光伏电站发生高/低频事件总数和频率穿越次数，将频率穿越次数与高/低频事件总数之比定义为分布式光伏系统频率穿越成功率指标 Ind_F，Ind_F 的具体计算如下

$$Ind_F = \frac{M}{N} \tag{10-15}$$

式中：M 为统计时间内光伏电站频率穿越次数；N 为相同时间段内光伏电站发生高/低频事件总数；Ind_F 为分布式光伏系统频率穿越成功率指标，该指标为正指标，其值越大光伏电站频率穿越能力越强。

10.3　分布式光伏系统评估指标的综合赋权方法

目前主要通过主观和客观赋权法进行权重的获取，主观赋权法包括 AHP、模糊数学法等，客观赋权法包括熵权法、模糊神经网络法、主成分分析法等。

其中主观赋权法体现了决策者的工程累积经验，但可靠性相对较差；客观赋权法具有客观的权重标准，指标权重通过数学模型得出，但存在指标权重不合理的隐患。由于主观和客观赋权方法皆有一定缺陷，为了使决策更加科学有效，选择综合考虑两种赋权方法，同时考虑到主观信息和客观的信息。

10.3.1　层次分析法

层次分析法指的是决策者将其思维的定性分析向定量分析转化的常用的决策方法。该方法首先由 T.L.Saaty 于 20 世纪 70 年代初提出的，它对定量数据信息的要求不高，决策者主要通过评价指标的性质和要素进行分析。与定量分析相比，它主要依靠决策者的定性分析以及定性判断。除此之外，它也计算方便，并且所得结果简单明确，容易被决策者了解和掌握。因而它能处理许多用传统技术手段无法解决的实际问题。利用 AHP 进行综合研究时，首先要把评价对象分层，根据评价指标体系的隶属关系，分为目标层、一级指标和二级指标，逐层计算每项指标的主观权重。其计算过程如下：

（1）建立层次指标结构。为了准确地处理相关的问题，通常将评价对象所包含的因素分成若干层，构建层次指标结构图，将各层因素的相互联系概括为三层，即目标层、一级指标和二级指标。

（2）确定判断矩阵 AHP 的数据是专家以自身经验为基础对两两元素的重要程度用数值表示，并且整理后用矩阵表示，即判断矩阵。

假定上一层元素 A_k 与下一层次元素 $B_1, B_2, \cdots, B_n$ 有关系，要判断在 A_k 下 $B_1, B_2, \cdots, B_n$ 的重要性，从而确定 $B_1, B_2, \cdots, B_n$ 的权重。专家一般用数字 1～9 标度及其倒数来给出在 A_k 下 B_i 与 B_j 的相对重要程度，即如果 B_i 比 B_j 的重要程度为 b，那么 B_j 比 B_i 的重要度就为 $\dfrac{1}{b}$，1～9 标度具体含义如表 10-7 所示。

表 10-7　　　　　　　　　　　　1～9 标度含义

标度 b_{ij}	重要性等级
1	i, j 两元素具有相同的重要性程度
$3/\dfrac{1}{3}$	i 元素比 j 元素稍微重要/稍微不重要
$5/\dfrac{1}{5}$	i 元素比 j 元素明显重要/明显不重要

标度 b_{ij}	重要性等级
$7/\dfrac{1}{7}$	i 元素比 j 元素强烈重要/强烈不重要
$9/\dfrac{1}{9}$	i 元素比 j 元素极端重要/极端不重要

注：$b_{ij} = \left\{2,4,6,8,\dfrac{1}{2},\dfrac{1}{4},\dfrac{1}{6},\dfrac{1}{8}\right\}$ 表示重要性程度介于 $b_{ij} = \left\{1,3,5,7,9,\dfrac{1}{3},\dfrac{1}{5},\dfrac{1}{7},\dfrac{1}{9}\right\}$ 之间。

根据专家技术人员给出的用1~9标度及其倒数表示的重要性程度建立判断矩阵，该矩阵有 $b_{ij} = \dfrac{1}{b_{ji}}$ 的性质，如表10-8所示。

表 10-8 判断矩阵 B

评价对象	B_1	B_2	$\cdots$	B_n
B_1	1	b_{12}	$\cdots$	b_{1n}
B_2	b_{21}	1	$\cdots$	b_{2n}
$\vdots$	$\vdots$	$\vdots$	1	$\vdots$
B_n	b_{n1}	b_{n2}	$\cdots$	1

（3）计算判断矩阵 $\boldsymbol{B}$ 的最大特征值 $\lambda_{\max}$ 及其对应的特征向量 $\boldsymbol{v}$，计算公式如下

$$\boldsymbol{B}\boldsymbol{v} = \lambda_{\max}\boldsymbol{v} \tag{10-16}$$

（4）对特征向量 $\boldsymbol{v}$ 归一化来求取指标权重，计算公式如下

$$w_i^1 = \frac{v_i}{\sum\limits_{k=1}^{m} v_k} \quad (i = 1, 2, \cdots, n) \tag{10-17}$$

（5）对判断矩阵进行一致性检验。

一致性指标 CI 计算公式为

$$CI = \frac{\lambda_{\max} - n}{n - 1} \tag{10-18}$$

式中：n 为判断矩阵阶数。

随机一致性比率 CR 的计算公式为

$$CR = \frac{Cl}{RI} \qquad (10\text{-}19)$$

式中：RI 为平均随机一致性指标。

由于阶数为 1 和 2 的判断矩阵的一致性总是满足要求，因此，只需对阶数为 3～9 的判断矩阵进行一致性检验，其中 RI 的值通过表 10-9 查询。

表 10-9   平均随机一致性指标 RI 的取值

矩阵阶数	3	4	5	6	7	8	9
RI	0.58	0.90	1.12	1.24	1.32	1.41	1.45

当 $CR \leqslant 0.1$ 时，则表明判断矩阵的最终计算结果的一致性得到了完全满足的要求，否则表明不能满足一致性的要求，需要重新调整判断矩阵的数据。

10.3.2 熵值法

熵是对指标不确定性程度一种度量，指标信息量与不确定性程度成反比，即信息量越小，不确定性程度就越大，从而导致熵值变大。因此，可依据每项指标的变异程度，引入信息熵这个概念，计算出每项指标的客观权重，为多指标综合评价奠定基础。其计算过程如下：

（1）标准化矩阵。假设待评价对象的个数是 n 个，每个对象对应的评价指标的个数是 m 个，根据构建的原始指标矩阵，得到归一化后的标准化矩阵 A，即

$$A = \begin{bmatrix} x_{11} & x_{12} & \cdots & x_{1n} \\ x_{21} & x_{22} & \cdots & x_{2n} \\ \cdots & \cdots & \cdots & \cdots \\ x_{m1} & x_{m2} & \cdots & x_{mn} \end{bmatrix}$$

（2）确定熵值 e_j。第 i 个测评对象的第 j 个指标的熵计算公式为

$$h_{ij} = \frac{x_{ij}}{\displaystyle\sum_{i=1}^{m} x_{ij}} \quad (i=1,2,3\cdots m, j=1,2,3\cdots n) \qquad (10\text{-}20)$$

$$e_j = -\frac{1}{\ln m}\sum_{i=1}^{m} h_{ij}\ln h_{ij} \quad (0 \leqslant e_j \leqslant 1)(i=1,2,3\cdots m, j=1,2,3\cdots n) \qquad (10\text{-}21)$$

式中：h_{ij} 为第 i 个评价对象的第 j 个指标的比重；x_{ij} 为第 i 个评价对象的第 j 个指标的指标值。

（3）指标差异性系数 p_j 计算过程如下

$$p_j = 1 - e_j \qquad (10\text{-}22)$$

（4）第 j 个指标权重 w_j^2 计算过程如下

$$w_j^2 = \frac{p_j}{\sum\limits_{j=1}^{h} p_j} \qquad (10\text{-}23)$$

$$\sum_{j=1}^{n} w_j^2 = 1 \qquad (10\text{-}24)$$

10.3.3　主客观综合赋权方法

对分布式光伏系统各项评估指标进行综合赋权，是综合评估中的关键步骤。主观赋权法一定程度上反映了专家的决策经验，但结果具有一定主观随意性。客观赋权法根据数学依据求取权重，但没有考虑专家的决策经验，主观或客观赋权法都具有局限性。目前有几何平均法、最小偏差组合法、乘法合成法、数学规划法等权重组合方法，其赋权方法如下：

（1）乘法合成法。主观权重与客观权重相乘，对乘积做归一化处理，综合权重赋权方式为

$$r_j = \frac{\alpha_j \times \beta_j}{\sum\limits_{i=1}^{n} \alpha_j \times \beta_j} \quad (j = 1, 2, \cdots n) \qquad (10\text{-}25)$$

式中：α_j 为主观赋权法求取的权重；β_j 为客观赋权法求取的权重。

（2）几何平均法。几何平均法的综合赋权公式为

$$u_i = \frac{\left(\prod_{j=1}^{q} w_{ij}\right)^{\frac{1}{q}}}{\sum\limits_{i=1}^{n} \left(\prod_{j=1}^{q} w_{ij}\right)^{\frac{1}{q}}} \quad (i = 1, 2, \cdots n; j = 1, 2, \cdots q) \qquad (10\text{-}26)$$

式中：i 为指标个数；j 为评价方法个数；w_{ij} 为指标权重。

（3）最小偏差组合法。最小偏差组合法可由下式计算得出

$$w_j = \alpha u_j + \beta v_j \qquad (10\text{-}27)$$

$$\min \sum_{j=1}^{n}[(u_j - w_j)^2 + (v_j - w_j)^2] \qquad （10\text{-}28）$$

$$s.t. \sum_{j=1}^{n} w_j = 1, w_j \geqslant 0 \quad (j = 1,2,\cdots n) \qquad （10\text{-}29）$$

式中：$\alpha + \beta = 1$，主观赋权法求得的权重为 $u = [u_1, u_2, \cdots, u_n]^T$，客观赋权法求得的权重为 $v = [v_1, v_2, \cdots, v_n]^T$，组合权重为 $w = [w_1, w_2, \cdots, w_n]^T$。

10.4　分布式光伏系统运行综合评估方法

10.4.1　TOPSIS 综合评价法

C.L.Hwang 和 K.Yoon 首次于 1981 年提出 TOPSIS 综合评价法。TOPSIS 法是现阶段多目标决策评价中很常见的方法，其原理是通过比较待评价各方案的指标与理想方案的距离大小来排序，是对待评价各方案相对优劣分析的一种综合评价方法。它也被称为逼近于理想解的排序法，只适用于各效用函数具有单调递增(或递减)性的场景下。其计算过程中，设有 m 个评价方案，n 个评价指标，具体步骤如下：

（1）用向量规范化方法求得规范化矩阵。设决策矩阵 $\boldsymbol{L} = \{l_{ij}\}$，规范化决策矩阵 $\boldsymbol{G} = \{g_{ij}\}$，则：

当指标类型为成本型，即

$$g_{ij} = \frac{\max(l_{ij}) - l_{ij}}{\max(l_{ij}) - \min(l_{ij})} \qquad （10\text{-}30）$$

当指标类型为效益型，即

$$g_{ij} = \frac{l_{ij} - \max(l_{ij})}{\max(l_{ij}) - \min(l_{ij})} \qquad （10\text{-}31）$$

（2）形成加权标准矩阵 $\boldsymbol{Q} = \{q_{ij}\}$

$$q_{ij} = w_j \times g_{ij} \quad (i = 1,2,\cdots,m; j = 1,2,\cdots,n) \qquad （10\text{-}32）$$

式中：w_j 为指标权重。

（3）确定正理想解 l'' 和负理想解 l^0。设最优解 l'' 的第 j 个属性值为 l''_j，最

劣解 l^0 的第 j 个属性值为 l_j^0，则：

当指标类型为成本型，即

$$l_j^{''} = \min_i(q_{ij}) \qquad (10\text{-}33)$$

$$l_j^0 = \max_i(q_{ij}) \qquad (10\text{-}34)$$

当指标类型为效益型，即

$$l_j^{''} = \max_i(q_{ij}) \qquad (10\text{-}35)$$

$$l_j^0 = \min_i(q_{ij}) \qquad (10\text{-}36)$$

（4）计算各方案到正负理想解的距离。

与正理想解的距离为

$$d_i^1 = \sqrt{\sum_{j=1}^n (l_{ij} - l_j^*)^2} \quad (i=1,2,\cdots,m) \qquad (10\text{-}37)$$

与负理想解的距离为

$$d_i^2 = \sqrt{\sum_{j=1}^n (l_{ij} - l_j^0)^2} \quad (i=1,2,\cdots,m) \qquad (10\text{-}38)$$

（5）计算各方案的综合评价指数

$$e_i = \frac{d_i^2}{d_i^2 + d_i^1} \qquad (10\text{-}39)$$

（6）最后根据 e_i 的大小对各方案进行排序。

10.4.2　基于 TOPSIS 的分布式光伏系统运行评估模型的构建

本章综合评价模型流程图如图 10-2 所示。它选取了 AHP 和熵值法作为方法集首先计算主客观权重，接着利用权重系数将主客观权重系数进行组合赋权获得最优权重，最后选用 TOPSIS 法对主动配电网的经济运行进行合理准确的评价，具体计算步骤如下：

（1）科学合理地构建分布式光伏系统运行状态的评价指标体系。

（2）以层次分析法原理为基础，根据 10.3 节介绍的经济性、稳定性和调控性及相对应的指标定义确定各层对应的判断矩阵，并且利用式（10-16）～式

（10-19）确定每项指标的主观权重；其次，根据各个方案中指标原始数据值和指标属性的类别，利用式（10-20）～式（10-24）确定的每项指标的客观权重。

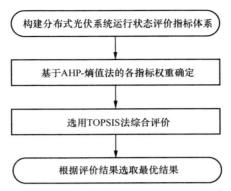

图 10-2　基于 TOPSIS 法的综合评价模型流程图

　　层次分析法可以计算指标的主观权重。通过专家技术人员以自身经验为基础比较两两指标的重要程度，接着由相对重要程度进行计算，从而得到指标的主观权重，不足之处是对专家经验的依赖程度较高，专家意见具有强烈的主观性，导致部分指标影响与正常时的偏差过大或过小。指标的客观权重由熵值法确定。在计算权重时，对其数学意义的要求是非常严格的，一般应用于忽略指标的情况下，由各项指标的数据信息量确定指标的客观权重，不足之处是在计算过程中削弱一些定性指标对最终结果的影响。由于单一的指标权重计算结果误差过大，因此，本章引进了组合赋权的思想，即利用权重系数将两种权重方法组合得到最优权重，其计算公式为

$$w_{best} = \alpha w_i^1 + \beta w_j^2 \quad (best = 1, 2, \cdots, n) \tag{10-40}$$

权重系数 α 和 β 的计算公式为

$$\alpha = \frac{w_i^1}{w_i^1 + w_j^2} \tag{10-41}$$

$$\beta = \frac{w_j^2}{w_i^1 + w_j^2} \tag{10-42}$$

式中：w_i^1 为层次分析法确定的权重；w_j^2 为熵值法确定的权重。

　　由于最终组合权重满足 $\sum_{best=1}^{n} w_{best}^* = 1$，则对上面得到权重 w_{best} 进行归一化处

理，归一化后权重值介于主观赋权和客观赋权之间，其计算公式为

$$w_{best}^* = \frac{\alpha w_i^1 + \beta w_j^2}{\sum\limits_{i=1}^{n}\sum\limits_{j=1}^{n}(\alpha w_i^1 + \beta w_j^2)} \tag{10-43}$$

（3）依据 10.4.1 节所述的原理对分布式光伏系统运行状态进行综合评价，得到各方案综合得分和各项准则得分。

（4）依据不同案例的最终得分及排序，对分布式光伏系统运行状态进行研究分析。

10.5 本章小结

本章介绍了分布式光伏系统运行状态综合评价模型，首先介绍了分布式光伏综合评估的背景和意义，并讲述了其运行特性。接着，考虑经济性、稳定性和调控性三个维度的指标，每个维度又由许多更小的维度组成，建立了面向分布式光伏运行的精确评价指标体系。其次，考虑决策者主观倾向和原始数据客观规律，采用层次分析法和熵权法的主客观组合方法对评估指标的权重进行赋值。最后，讲评估指标体系和评估方法进行耦合，采取 TOPSISI 方法对分布式光伏系统运行构建评估模型，并对其进行综合评价。

第 11 章

低压分布式光伏现场示范应用

随着地区低压分布式光伏体量不断增加，消纳能力不足和继电保护整定等多项问题逐渐暴露，为地区电网稳定运行带来了新的挑战。然而这些问题的逐步解决和远郊区县工厂以及农村屋顶具备更大的光伏发展资源，使得低压分布式光伏得到了很大的发展。本章简要介绍其应用情况。

11.1　河南省光伏集控微应用

光伏集控微应用是一种针对光伏电站进行集中监控和管理的智能化解决方案。它利用先进的信息和通信技术，如物联网、大数据、云计算等，实现对光伏电站实时监测、数据分析、故障预警和远程控制等功能，从而提升光伏电站的运营效率和可靠性，降低运维成本。分布式光伏管理平台可以很好地实现上述功能。

分布式光伏运行管理平台主要是通过在采集主站新增设备档案管理、光伏可观可测可控管理模块，并对前置调度相关功能进行扩展搭建分布式光伏运行管理平台，其功能架构如图 11-1 所示。

（1）主要功能说明及功能描述。该管理平台可实现省、市、县、所、台区、用户六个层级的监控及运行管理，其中省、市、县、所单位级运行管理功能设计 1 个系统界面，台区级、用户级运行管理功能单独设计两个系统界面。

1）省、市、县、所单位级运行管理功能。

第一个版块是光伏信息总览。这个版块从光伏报装容量、渗透率、光伏用户结构、刚性柔性控制、光伏台区占比等不同维度展示光伏用户的总体情况。

第二个版块是节能降碳。这个版块是按照光伏用户年累计发电量进行折算，体现在节能降碳方面的效益。

第三个版块是实时出力监测。这个版块是基于 HPLC 高频采集能力及大数据分析技术，实现对供电所所有光伏台区的有功功率实时及曲线监测、功率排名等，协助各单位掌握当前光伏发电出力情况、出力趋势、反向上网情况等。

第四个版块是有功功率预测。通过协调电科院接入小时级气象预测数据，综合用户发电量、报装容量级有功功率曲线建立出力预测模型，开展省、市、县、所四级出力预测，预测未来 24h 的 15min 有功功率，指导开展负荷调控。

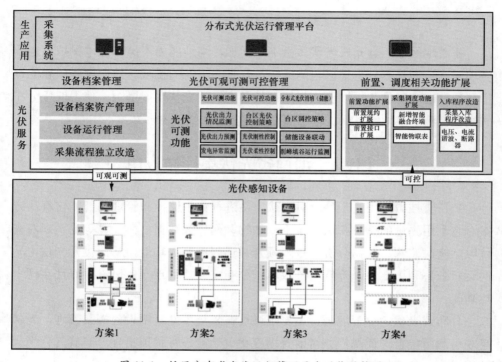

图 11-1 低压分布式光伏运行管理平台功能结构图

第五个版块是实时有功功率监测。对实时出力监测的数据进行曲线化绘制，直观反应当天有功功率的变化趋势，同时实现与预测数据的比对分析，实时掌握各单位出力变动情况。

第六个版块是电量实时监测，电量监测是对供电单位光伏用户当前的日发电量、上网电量、自发自用电量、台区消纳电量进行监测，对历史电量进行查询，实现单位掌握光伏用户发电总体情况。

第七个版块是异常监测预警。主要从报装预警、反向重过载预警、过电压预警、负荷超容预警、电压不平衡预警、异常发电、异常用电等方面对台区和用户开展预警监测，实现按单位开展问题治理，解决反向重过载、负荷超容等安全隐患，对台区光伏用户报装提供数据支撑。

2）台区级运行管理功能。

第一个版块是台区总览。这个版块从台区光伏报装容量、渗透率、光伏用户结构、刚性柔性控制等不同维度展示光伏用户的总体情况。

第二个版块是台区光伏用户情况。这个版块实现了该台区下的所有在运光伏用户情况及昨日发电量、上网电量监测展示。

第三个版块是实时出力监测。这个版块实现了台区有功功率、台区反向上网功率、反向负载率运行监测。

第四个版块是有功功率预测。这个版块实现了台区级未来 24h 的 15min 的有功功率，指导开展负荷调控。

第五个版块是实时有功功率监测。这个版块实现了台区级实时出力监测的数据进行曲线化绘制，直观反应当天有功功率的变化趋势，同时实现与预测数据的比对分析，实时掌握各单位出力变动情况。

第六个版块是电量实时监测，这个版块实现了台区级电量监测，对该台区当前的日发电量、上网电量、自发自用电量、台区消纳电量进行监测。

第七个版块是异常监测预警。这个版块实现了台区级的异常监测，对该台区当前报装预警、反向重过载预警、过电压预警、负荷超容预警、电压不平衡预警、异常发电、异常用电等方面对台区和用户开展预警监测。

3）用户级运行管理功能。

第一个版块是实时出力监测。这个版块实现了用户的报装容量、有功功率、出力率及消纳类型监测。

第二个版块是负荷监测。这个版块实现了用户当日及历史的电压、电流、功率、功率因数监测。

第三个版块是电量实时监测，这个版块实现了用户级电量监测，对该用户当前的日发电量、上网电量、自发自用电量进行监测。

第四个版块是异常监测预警。这个版块实现了用户级的异常监测，对该用户当前过电压预警、负荷超容预警、电压不平衡预警、异常发电、异常用电等方面开展预警监测。

第五个版块是光伏设备信息。这个版块实现了用户的光伏相关设备的信息展示，实现了四种典型技术方案的运行监测。

第六个版块是调节监控。这个版块实现了对于现场更换了光伏专用开关的用户，实现了光伏发电的离并网刚性控制，对于现场逆变器接入平台的，实现了功率的五种柔性调节。

· 11.2　光伏试点应用效果 ·

11.2.1　接入光伏用户情况

河南省近年来光伏装机规模持续增长，尤其在户用光伏领域表现突出。2021年河南省户用光伏装机达到 3.43GW，位列全国前列，户均装机量为 22.68kW，共安装了 15.4 万户。随着时间的推移和政策的持续推动，这一数字正在不断增长。2022 年新增用户 29.4 万户，2023 年累计新 27.26 万户。截至 2024 年 8 月，全省低压分布式光伏电站总数量为 108.8776 万个。其中光伏扶贫电站 14952 个；全额上网电站 104.6645 万座，报装容量 2757.92 万 kW，占比 96.94%，余电上网电站 4.2119 万座，报装容量 87.05 万 kW，占比 3.06%，自发自用用户数 12座，报装容量 0.08 万 kW，占比 0.003%；河南低压分布式光伏总报装容量 2845.05万 kW。目前，电网台区数 22.71 万个，刚性用户全覆盖，柔控用户 7.3 万户。

11.2.2　典型台区应用情况

河南省远郊区县分布式光伏得到了很大的发展，光伏装机水平稳步增长。光伏组件的现场安装如图 11-2 和图 11-3 所示。光伏逆变器和计量箱的安装实景如图 11-4 和图 11-5 所示。

图 11-2　地面安装光伏

图 11-3　屋顶安装光伏

图 11-4 光伏逆变器实景图

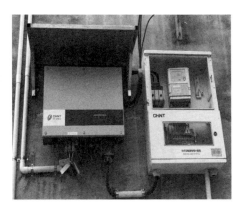

图 11-5 计量箱实景图

分布式光伏新能源的蓬勃发展,将会改变光伏系统的特性和运行状态,从而影响台区电压,推动了台区配储,进一步推动了台区分布式光伏运行管理平台的出现。该管理平台是一个集成了数据采集、监控、分析、管理和优化等功能的综合性系统,旨在为分布式光伏电站提供高效、智能的运行管理服务。该管理平台的发展历程如下:2022 年 4 月完成了模拟仿真实验环境搭建,针对不同技术方案,开展功能测试和验证;2022 年 5 月完成台区分布式光伏运行管理平台一期功能上线;2022 年 10 月完成基于集控平台完整大屏端功能开发;2022 年 12 月基于豫电助手完善移动端功能开发;2023 年 3 月实现了采集系统与调度源网荷储集中控制系统的业务贯通,具备刚性群控功能。该管理平台的大屏端界面、PC 端管理平台界面和移动端管理平台界面分别如图 11-6～图 11-8 所示。

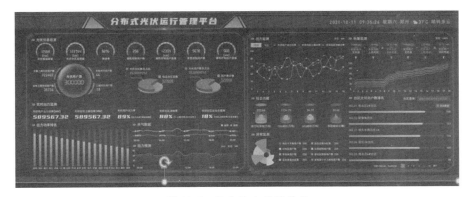

图 11-6 平台的大屏端界面

图 11-7　PC 端管理平台界面

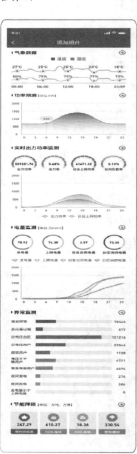

图 11-8　移动端管理平台界面

分布式光伏系统的应用场景有居民屋顶、公共设施和工商业建筑等广泛且多样。针对多样场景，提出了四种技术方案，并对这些技术方案在实验室与现场逐一开展测试验证、比对分析。

（1）Ⅰ型集中器+光伏专用开关+HPLC（高速电力线载波通信）。该技术方案如图 11-9 所示。该方案的适用场景是 HPLC 已覆盖的存量台区，优点是充分基于现有设备，整体投资最小，施工简单方便，后续可升级可扩展，缺点是无法实现对光伏逆变器进行柔性调节。

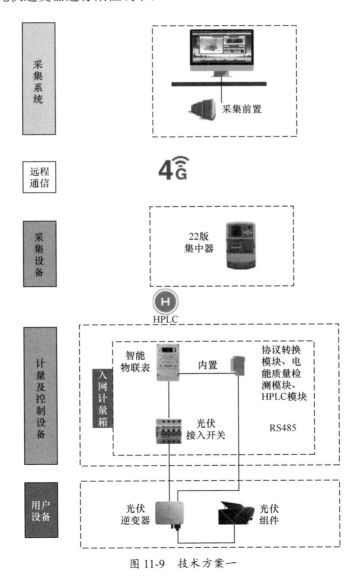

图 11-9　技术方案一

（2）新型智能融合终端+智能物联表+光伏专用开关+HPLC 技术方案。该技术方案如图 11-10 所示。该方案的适用场景是 HPLC 已覆盖台区的新增用户，优点是采用技术成熟且模组化设计的智能物联表，可满足不同应用场景需要，后期运维更加便捷，缺点是需要对运行采集终端和电能表进行更换，施工相对复杂，投资较大。

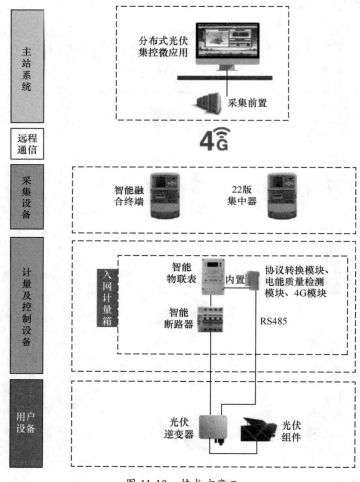

图 11-10　技术方案二

（3）智能物联表（配置 4G 模块）+光伏专用开关。该技术方案如图 11-11 所示。该方案的适用场景是 HPLC 未覆盖的存量台区或台区下光伏逆变器谐波严重干扰 HPLC 通信的台区的新增用户。优点是台区改造工程量小，投资少；

电能表通过 4G 直接与主站通信，减少中间通信环节，通信效率高，可靠性高。缺点是需要对运行采集终端和电能表进行更换，施工相对复杂，投资较大。

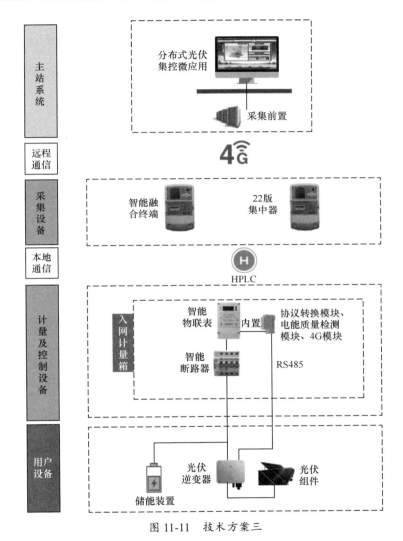

图 11-11　技术方案三

（4）新型台区智能融合终端+智能量测开关+HPLC。该技术方案如图 11-12 所示。该方案的适用场景是 HPLC 已覆盖台区的新增用户。优点是不需要对运行电能表进行更换，施工相对简单。缺点是智能量测开关尺寸较大，需单独配置配电箱，总体投资较大；智能量测开关融合了量测、通信、协议转换等各项功能，实现不同功能的模组寿命差异较大，运维难度较大。

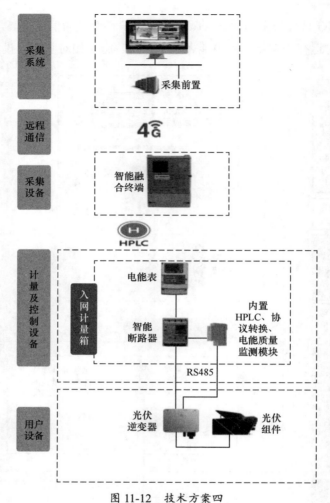

图 11-12　技术方案四

11.2.3　本地柔性调控策略的使用

目前，河南低压分布式光伏柔性调控台区正式落地。相对于传统的刚性控制，柔性调控可配合负荷精准预测，对分布式光伏发电出力进行柔性连续调节，实现分布式光伏与配电网之间的协调互济、源网协调，可在保障电网安全运行的同时最大限度保障客户利益，并有效降低因简单的开关"断—合"带来的安全和服务问题。本地柔控策略旨在通过 485 连接上网点电能表，根据上网点功率计算用户无法消纳的电量，在保证上网点没有上网电量（不严格要求到 0 上网，可留些许裕量）的情况下，调整光伏出力，解决调峰期间光伏余电上网导致电网负荷过大的问题。

（1）本地柔控策略设计方案。本地柔控策略分为上网点功率采集和本地调控两部分：

1）采集部分主要是根据档案，方案和任务定时采集上网表的功率。通过将上网表的档案下发到分布式电源，并下发对应的有功功率采集方案及其任务，间隔相同的时间采集上网表有功功率。

2）本地调控部分则是根据采集得到的上网表有功功率实施特定的本地调控。本地调控设计方案如图 11-13 所示。

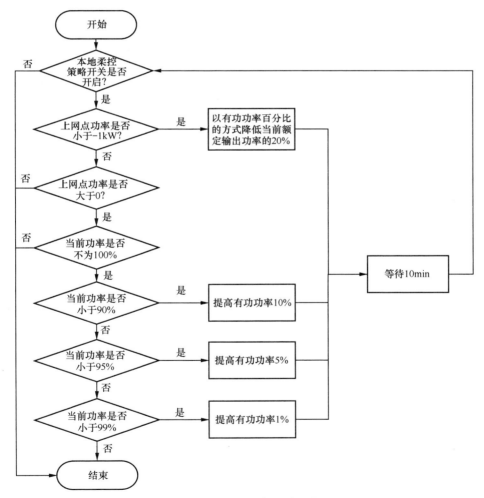

图 11-13　本地调控设计方案

（2）实施结果。本次共进行了一次测试。

第一次调控起始时间：2024-5-7 16:40:00，结束时间：2024-5-7 17:20:00。

调控时发电功率 10kW，逆变器额定功率 50kW，每 5min 调控一次，因此在 5 时左右调控到 20% 以下时，在实际发电功率上有所体现，保持实际发电功率 2kW 左右。调控结果如图 11-14 所示。

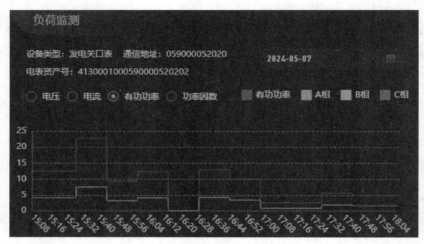

图 11-14　调控结果

本次测试基本达成测试目标，使目标客户余电上网功率保持在 2kW 左右。

测试存在调控时间过长的问题，从本地调控命令开始到调控生效将余电上网功率保持在 2kW 左右，经过了 20min 时间。该问题经过现场观察及方案讨论，可通过同时采集上网表和发电表两个表的有功功率的方式，计算在保证余电不上网的情况下，实际应发电的有功功率，该方法能够保证调控实际生效时间在 5min 以内。

第 12 章

总结及展望

• 12.1 总结 •

新形势下分布式光伏并网运行引起的问题日益凸显，缺乏主动感知设备与控制相关装置，电网面临不可知、不能控、不敢控的局面，不断催生分布式能源并网异常状态监测、分布式能源设备优化控制等新需求，传统配电网，尤其是低压台区大多呈辐射形结构，并开环运行，在建设初期并没有被设计为可消纳各种分布式电源的结构，调节能力弱，不会在电网稳定运行的情况下进行任何自动控制的操作。后期的自动化改造也非主动触发，只能被动地应对在网络运行过程中出现的各种状况。在此情形下，大量以光伏为代表的分布式新能源的接入低压台区后，易引起电压越限、谐波增大、三相不平衡和潮流反向过载等危及系统安全稳定的问题。为了提升低压台区对分布式新能源接入能力，构建高渗透台区分布式能源规模接入体系，本书重点围绕低压台区电能质量分析，分布式光伏出力精准预测和低压台区单点就地化精准控制，基于神经网络的分布式光伏并网异常状态研判、数据驱动的含高比例户用光伏的低压台区电压协调控制策略、分布式光伏出力精准预测、高比例光伏台区的电压就地实时控制策略和分布式光伏并网运行状态综合评价模型等内容进行研究，取得的主要成果有：

（1）结合实际数据，统计分析了含高比例分布式低压台区的运行特征。结果显示：①低压台区由于直接面向用户，因此各节点处用户的用电功率具有极强的随机性，不同节点处的用户用电规律基本相互独立，但台区内全体用户构成的总用电规律又呈现显著的峰谷周期性，这种"个体随机而综合规律"的特征与中高压电网存在显著差别，导致中高压中的成熟调控策略难以直接应用；②高比例分布式光伏低压台区中各节点之间的电压存在显著差异，最大可相差20V。因此，当台区变压器低压侧存在多个分支线时，一个台区内可能既存在过压节点又存在低电压节点，因此在安装分布式光伏时，应根据分支线进行规划，而不应该根据整个台区进行规划；③当台区内分布式光伏渗透率提高时，受台区变压器自身阻抗的影响，台区变压器低压侧电压也会显著提升，使得分布式光伏安装点的电压远高于额定值。

（2）针对台区中的传统电能质量问题，提出了一种基于自适应短时傅里叶变换的基波参数估计算法，并以此算法为基础计算电压偏差、频率偏差、三相不平衡度和功率因数等基本电能质量参数。算法采用固定的采样周期，采样频率不需随信号频率的变化而调整，实现简单；算法不需要迭代运算，可一次得到参数估计值，计算量小，响应时间快；通过采用矩形自卷积窗，并自适应地确定与信号频率相适应的时间窗宽度，有效抑制了频谱泄漏对基波参数测量的影响，测量精度高。

（3）针对高比例分布式光伏低压台区谐波、间谐波以及闪变等电能质量问题，根据谐波和间谐波各自的频谱特征，提出了一种新的谐波、间谐波实时检测算法。算法根据正余弦函数的特性，将各次谐波分量变换成直流分量，经由低通滤波后估计其有效值和初相角；从原信号中去除基波和谐波分量，再通过搜寻频谱极大值获取间谐波频率及有效值和初相角。算法实现简单，精度高，动态跟踪特性好，适合于离散频谱电压、电流信号的谐波、间谐波参数实时估计。

（4）针对光伏出力数据的非平稳性、非线性和局部随机性特征，提出一种基于 VMD 的 ELM 光伏出力预模型，实验结果显示，采用 VMD 的混合模型相比单一的模型，光伏出力预测结果的精度更高，可以有效降低光伏出力数据的非平稳性对预测模型的不利影响。基于 VMD-ELM 算法的光伏出力预测方法在RMSE、NRMSE、MAE 和 SMAPE 等各项预测指标均优于 VMD-BP 和VMD-LSTM 模型，能更加有效的提取光伏出力短期预测中的非线性特征。

（5）为提高光伏消纳率并保证其他负荷节点的电压满足要求，提出了一种电压保护阈值差异化整定方案。首先建立了低压配电网的近似线性模型，然后在不同典型场景下，结合配电网的近似线性模型和负荷节点的电压限值约束，通过线性规划模型，差异化整定各分布式光伏的电压限幅值。以实际台区为例进行了方案有效性验证，所提方案能在保证负荷节点电压质量的同时，有效提高台区光伏消纳能力。

（6）面对分布式光伏发电系统来自不同的生产厂家和品牌，在通信协议和控制接口开放程度等方面有所差别，以及分布式光伏发电系统的运行状态等参数难以直接获得，只能通过监测其输出的电压和电流等少量有限信息间接估算等难题，提出了一种有限信息条件下的低压台区电压调节策略，对海量分布式光伏发电系统进行协调控制，在优先保证有功出力的前提下，利用剩余容量，有序实施电压调节。然后，由于光伏调压可能面临弃光问题，再加上分布式储能成本的降低，又提出了一种分布式储能参与电压就地调节的策略，该策略首先基于台区的近似线性模型，计算调压需求量，然后控制储能输出对应的功率实现调压的目的。

（7）针对光伏并网系统异常诊断问题，首先，对并网系统中可能出现的电压越限、电压三相不平衡、谐波异常状态和孤岛等异常状态进行分析。其次，为了准确识别异常状态，进行了并网点数据的预处理，采用基于 EEMD 阈值去噪和改进的小波域阈值算法滤波的方法，以提高数据质量。然后，引入深度学习的概念，探讨了卷积神经网络在异常状态辨识中的应用。最后，通过这些方法，旨在建立一套高效的光伏并网异常诊断体系，为系统运行的监测和维护提供科学依据，提高系统运行的稳定性和可靠性。

（8）针对拓扑未知的含高比例户用光伏低压台区电压协调控制策略问题，首先，建立了台区三相线性近似模型，通过数据驱动的方式，有效地拟合了节点注入功率和电压之间的映射关系，解决了因台区拓扑未知、无法进行潮流计算而无法将控制策略应用于低压台区的问题。该模型的电压计算平均误差仅为 0.2%，并且相较于潮流计算，计算速度提高了 85.1%。其次，电压协调控制策略充分结合了 PVI 的经济性优势和 ESS 的灵活性优势，成功弥补了单独采用 PVI 或 ESS 进行电压控制时的局限性。在算例中，这一策略能够完全抑制台区内电压越限和三相不平衡问题。然后，电压调控目标函数综合考虑了电压越限程度、VUF 越限程度和调控设备出力，仿真结果表明，该目标函数既保障了台区内电压的稳定性，又降低了调控成本 54.5%。最后，对 MOPSO 算法进行了多方面地改进，更好地平衡了算法的全局搜索能力和局部搜索能力，避免陷入局部最优，加快了收敛速度，显著提高了算法的性能。

（9）针对高比例光伏台区的电压就地实时控制策略问题，首先分析了分布式光伏对低压台区的影响情况，指出台区内部过电压问题的根源为高比例分布式光伏出力与负荷不平衡，导致多余的出力无法就地消纳，产生功率倒送。过电压的程度主要受分布式光伏渗透率和线路阻抗影响，线路阻抗主要受线路长度和导线规格影响。然后，面对①分布式光伏发电系统来自不同的生产厂家和品牌，在通信协议和控制接口开放程度等方面有所差别；②分布式光伏发电系统的运行状态等参数难以直接获得，只能通过监测其输出的电压和电流等少量有限信息间接估算等难题，提出一种有限信息条件下的低压台区电压调节策略，对海量分布式光伏发电系统进行协调控制，在优先保证有功出力的前提下，利用剩余容量，有序实施电压调节。最后，针对光伏调压可能面临弃光的问题，再加上分布式储能成本的降低，又提出了一种分布式储能参与电压就地调节的策略，该策略首先基于台区的近似线性模型，计算调压需求量，然后控制储能输出对应的功率实现调压的目的。

（10）针对分布式光伏系统运行状态综合评价问题，首先介绍了分布式光伏综合评估的背景和意义，并讲述了其运行特性。接着，考虑经济性、稳定性和安全性三个维度的指标，每个维度又由许多更小的维度组成，建立了面向分布式光伏运行的精确评价指标体系。其次，考虑决策者主观倾向和原始数据客观规律，采用层次分析法和熵权法的主客观组合方法对评估指标的权重进行赋值。最后，讲评估指标体系和评估方法进行耦合，采取 TOPSISI 方法对分布式光伏系统运行构建评估模型，并对其进行综合评价。

12.2　展望

低压台区数量多，运行条件复杂，难以大规模推广高精度高速率检测系统，再加上台账数据不完整等问题，广泛存在着不完全可观和可测的问题，难以像主网一样建立准确的物理模型，为优化调控措施的实施提出了很大的挑战。但是，随着智能电能表等装置的全覆盖，以及人工智能技术的发展，数据驱动的方法在低压台区规划、优化运行和协调控制等方面的应用愈加重要。今后需要进一步深入研究台区级以及多台区之间数据驱动的优化协调控制策略，不断挖掘现有台区的潜力，提升分布式光伏的消纳能力和系统的运行安全性与经济型。

参 考 文 献

[1] 赵成勇, 何明锋. 基于特定频带的短时傅里叶分析[J]. 电力系统自动化, 2004(14): 41-44.

[2] Gu Y H, Bollen M H J. Time-frequency and time-scale domain analysis of voltage disturbances[J]. IEEE Transactions on Power Delivery, 2000, 15(4): 1279-1284.

[3] 周文晖, 李青. 采用小波变换的电能质量暂态干扰检测[J]. 科技通报, 2002(3): 208-212+218.

[4] 齐泽锋, 赵瑞娜, 谈顺涛, 等. 基于短时李氏指数的电能质量扰动检测仿真研究[J]. 电力自动化设备, 2002(1): 29-31.

[5] 严居斌, 刘晓川, 杨洪耕, 等. 基于小波变换模极大值原理和能量分布曲线的电力系统短期扰动分析[J]. 电网技术, 2002(4): 16-18+33.

[6] 江亚群, 何怡刚. 基于自适应短时傅立叶变换的电频率跟踪测量算法[J]. 电子测量与仪器学报, 2006, 20(2): 10-15.

[7] Lin T, Tsuji M, Yamada E. A wavelet approach to real time estimation of power system frequency[A]. SICE 2001. Proceedings of the 40th SICE Annual Conference. International Session Papers (IEEE Cat. No.01TH8603)[C]. Nagoya, Japan: Soc. Instrum. & Control Eng, 2001: 58-65.

[8] 黄磊, 舒杰, 姜桂秀, 等. 基于多维时间序列局部支持向量回归的微网光伏发电预测[J]. 电力系统自动化, 2014, 38(5): 19-24.

[9] 段雪滢, 李小腾, 陈文洁. 基于改进粒子群优化算法的 VMD-GRU 短期电力负荷预测[J]. 电工电能新技术, 2022, 41(5): 8-17.

[10] 梁智, 孙国强, 李虎成, 等. 基于 VMD 与 PSO 优化深度信念网络的短期负荷预测[J]. 电网技术, 2018, 42(2): 598-606.

[11] 吴松梅, 蒋建东, 燕跃豪, 等. 基于 VMD-PSO-多核极限学习机的短期负荷预测[J]. 电力系统及其自动化学报, 2022, 34(5): 18-25.

[12] 鲁迪, 王星华, 刘升伟, 等. 加权多分位鲁棒 ELM 的短期负荷预测方法[J]. 电力系统及其自动化学报, 2020, 32(3): 33-38.

[13] 赵辉, 赵智立, 王红君, 等. 光伏电站短期功率区间预测[J]. 电源技术, 2021, 45(4): 490-494.

[14] 商立群, 李洪波, 侯亚东, 等. 基于特征选择和优化极限学习机的短期电力负荷预测[J]. 西安交通大学学报, 2022, 56(4): 165-175.

[15] 曾林俊, 许加柱, 王家禹, 等. 考虑区间构造的改进极限学习机短期电力负荷区间预测[J]. 电网技术, 2022, 46(7): 2555-2563.

[16] 岳有军, 刘英翰, 赵辉, 等. 基于极点对称模态分解-分散熵和改进乌鸦搜索算法-核极限学习机的短期负荷区间预测[J]. 科学技术与工程, 2020, 20(22): 9036-9042.

[17] 本刊编辑部. 国家能源局公布整县（市、区）屋顶分布式光伏开发试点名单[J]. 农村电工, 2021, 29(11): 1.

[18] 姚宏民, 杜欣慧, 李廷钧, 等. 光伏高渗透率下配网消纳能力模拟及电压控制策略研究[J]. 电网技术, 2019, 43(2): 462-469.

[19] 赵晶晶, 许宏源, 李梓博, 等. 考虑分布式电源集群无功调节能力的配电网无功优化[J]. 现代电力, 2023, 40(3): 419-426.

[20] 周剑桥, 张建文, 席东民, 等. 基于 SOP 有功-无功协同的低压配电网末端电压越限治理[J]. 电力系统自动化, 2023, 47(6): 110-122.

[21] 田雨雨, 畅建霞, 王学斌, 等. 面向光伏消纳的水-火-光联合优化调度技术[J]. 可再生能源, 2020, 38(1): 91-97.

[22] 王枭, 何怡刚, 马恒瑞, 等. 考虑规模化储能的配电网电压分布式控制[J]. 电力自动化设备, 2022, 42(2): 25-30+55.

[23] 刘浩洋, 户将, 李勇锋, 等. 最优化：建模、算法与理论[M]. 北京: 高等教育出版社, 2020.

[24] 卢锦玲, 赵增辉, 胡兴华, 等. 计及光伏波动性的主动配电网双层有功无功协调优化[J]. 电力系统及其自动化学报, 2023: 1-9.

[25] 毛志宇, 李培强, 郭思源. 基于自适应时间尺度小波包和模糊控制的复合储能控制策略[J]. 电力系统自动化, 2023, 47(9): 158-165.

[26] 崔宇. 无变压器移相调压加无功补偿的硅碳棒加热炉[J]. 工业炉, 2023, 45(4): 39-43+65.

[27] 虞宋楠. 含光伏产消者的配电网分布式调压方法[D]. 华北电力大学(北京), 2022.

[28] 蔡振华, 黎灿兵, 阳同光, 等. 考虑动态频率惯量特性的储能电池参与电网一次调频控制[J]. 上海交通大学学报, 2023: 1-21.

[29] 李继攀, 刘宏领, 郭奇军, 等. 基于功率因数角的接地变压器匝间短路故障辨识[J]. 供用电, 2023, 40(9): 50-57.

[30] 于学鹏, 陈云, 唐健, 等. 基于浙江省大工业分时电价情景下的用户侧储能经济性分析

[J]. 上海节能, 2023(10): 1467-1472.

[31] 李少博, 王鑫明, 李世辉, 等. 基于优先强化学习的主动配电网有功无功协调控制[J]. 河北电力技术, 2023, 42(1): 8-12+31.

[32] 柳守诚. 低压配电网拓扑分析及电压模糊估计方法[D]. 南昌大学, 2023.

[33] 于海东, 刘洋, 李立生, 等. 有限台区信息下的分布式光伏逆变器协同调压策略[J]. 现代电力, 2023: 1-8.

[34] 王小虎. 配电网分布式光伏接入台区及容量的测算方法[J]. 农村电气化, 2023(6): 55-59.

[35] 林志雄, 陈岩, 蔡金锭, 等. 低压配电网三相不平衡运行的影响及治理措施[J]. 电力科学与技术学报, 2009, 24(3): 63-67.

[36] 俞智鹏, 汤奕, 戴剑丰, 等. 基于有功自适应调整的光伏电站无功电压控制策略[J]. 电网技术, 2020, 44(5): 1900-1907.

[37] 谢东. 分布式发电多逆变器并网孤岛检测技术研究[D]. 合肥工业大学, 2014.

[38] 邹培源, 黄纯. 基于模糊控制的改进滑模频率偏移孤岛检测方法[J]. 电网技术, 2017, 41(2): 574-580.

[39] Hassan M, Klein J. Distributed photovoltaic systems: Utility interface issues and their present status[R]. NASA-CR-165019, 1981.

[40] 刘芙蓉, 康勇, 段善旭, 等. 主动移频式孤岛检测方法的参数优化[J]. 中国电机工程学报, 2008(1): 95-99.

[41] 谢东, 张兴, 曹仁贤. 参数自适应 SFS 算法多逆变器并网孤岛检测技术[J]. 电力系统自动化, 2014, 38(21): 89-95.

[42] 余运俊, 衷国瑛, 范瑞祥, 等. 基于 SMS 法和 AFD 法的光伏孤岛检测对比研究[J]. 系统仿真学报, 2018, 30(4): 1572-1580.

[43] 余运俊, 衷国瑛, 范瑞祥, 等. 滑膜频率偏移法和过/欠频被动法结合的混合孤岛检测法[J]. 电子测量与仪器学报, 2017, 31(2): 224-229.

[44] 孙皓, 王鲁杨, 恽东军, 等. 基于改进的滑模频率偏移的孤岛检测方法[J]. 电力科学与技术学报, 2020, 35(4): 141-146.

[45] 唐忠廷, 粟梅, 刘尧, 等. 带负载阻抗角反馈的主动频移孤岛检测技术[J]. 电力系统自动化, 2018, 42(7): 199-207.

[46] 邹培源, 黄纯, 白振宇, 等. 低谐波畸变的快速主动移频式孤岛检测方法[J]. 电力系统及其自动化学报, 2018, 30(1): 58-63.

[47] 王武, 蔡逢煌, 郑必伟. 正反馈有源频率扰动孤岛检测的一种改进算法[J]. 电力电子技

术, 2012, 46(2): 45-47.

[48] 刘梦华, 赵伟, 黄松岭, 等. 对多机并联下应用频移式孤岛检测法面临问题的探讨[J]. 电测与仪表, 2019, 56(21): 1-7+29.

[49] 马聪, 高峰, 李瑞生, 等. 新能源并网发电系统低电压穿越与孤岛同步检测的无功功率扰动算法[J]. 电网技术, 2016, 40(5): 1406-1414.

[50] A Fast Learning Algorithm for Deep Belief Nets | Neural Computation | MIT Press[EB/OL]./ 2023-12-06. https://direct.mit.edu/neco/article-abstract/18/7/1527/7065/A-Fast-Learning-Algorithm-for-Deep-Belief-Nets.

[51] Multi-Layer Perceptron for Sleep Stage Classification-IOPscience[EB/OL]./2023-12-06. https://iopscience.iop.org/article/10.1088/17426596/1028/1/012212/meta.

[52] 杨重伟, 梁旭, 毛岚. 基于高比例光伏接入低压系统的电压控制研究[J]. 电气传动, 2022, 52(8): 60-67.

[53] 周洪伟, 罗锐, 刘永奎, 等. 光伏电站多并网逆变器无功电压控制[J]. 电气传动, 2019, 49(4): 83-88.

[54] 张博, 唐巍, 蔡永翔, 等. 基于一致性算法的户用光伏逆变器和储能分布式控制策略[J]. 电力系统自动化, 2020, 44(2): 86-94.

[55] 黄大为, 王孝泉, 于娜, 等. 计及光伏出力不确定性的配电网混合时间尺度无功/电压控制策略[J]. 电工技术学报, 2022, 37(17): 4377-4389.

[56] 蔡永翔, 唐巍, 张博, 等. 含高比例户用光伏低压配电网集中-就地两阶段电压-无功控制[J]. 电网技术, 2019, 43(4): 1271-1280.

[57] 付宇, 白浩, 李跃, 等. 面向高比例光伏消纳的低压交直流混合配电网时-空协调优化方法[J]. 南方电网技术, 2023, 17(1): 84-93.

[58] 李翠萍, 东哲民, 李军徽, 等. 提升配电网新能源消纳能力的分布式储能集群优化控制策略[J]. 电力系统自动化, 2021, 45(23): 76-83.

[59] 马兴, 徐瑞林, 康文发, 等. 含分布式光伏、储能的低压配电网电压调节及储能 SoC 均衡方法[J]. 重庆大学学报, 2022, 45(5): 9-20.

[60] 闫佳琪. 低压配电网中分布式光储系统的电压协调控制策略[D]. 东北电力大学, 2023.

[61] 吴科成, 高志华, 刘瑞宽, 等. 考虑分布式储能功率四象限输出的主动配电网鲁棒优化调度模型[J]. 南方电网技术, 2021, 15(11): 75-84.

[62] 姜飞, 林政阳, 何桂雄, 等. 基于动态一致性算法的光伏-储能分布式协调电压控制[J]. 天津大学学报(自然科学与工程技术版), 2021, 54(12): 1299-1308.

[63] 唐巍, 李天锐, 张璐, 等. 基于三相四线制最优潮流的低压配电网光伏-储能协同控制[J]. 电力系统自动化, 2020, 44(12): 31-40.

[64] 徐晓春, 李佑伟, 戴欣, 等. 基于深度强化学习的馈线-台区两阶段电压优化[J]. 电网与清洁能源, 2023, 39(3): 63-73.

[65] 李炜祺, 窦晓波, 张科鑫, 等. 数据驱动的配电网电压灵敏度感知方法[J]. 电网技术, : 1-9.

[66] 张宇精, 乔颖, 鲁宗相, 等. 含高比例分布式电源接入的低感知度配电网电压控制方法[J]. 电网技术, 2019, 43(5): 1528-1535.

[67] Distribution System Modeling and Analysis | 27 | v3 | Electric Power G[EB/OL]. /2023-11-01. https://www.taylorfrancis.com/chapters/edit/10.1201/9781315222424-27/distribution-system-modeling-analysis-william-kersting.

[68] Voltage Regulation Algorithms for Multiphase Power Distribution Grids | IEEE Journals & Magazine | IEEE Xplore[EB/OL]. /2023-11-01. https://ieeexplore.ieee.org/abstract/document/7317598.

[69] 黄文帅, 孙坚, 胡鹏程, 等. 配电网中三相不平衡度计算方法研究[J]. 信息技术与信息化, 2022(12): 174-177.

[70] 任耀宇. 面向分布式能源接入的配电网优化[D]. 华北电力大学(北京), 2021.

[71] Reactive Power Flow Control for PV Inverters Voltage Support in LV Distribution Networks | IEEE Journals & Magazine | IEEE Xplore[EB/OL]. /2023-11-02. https://ieeexplore.ieee.org/document/7736082.

[72] 张智俊. 有源配电网电压协同控制方法及技术研究[D]. 南京邮电大学, 2022.

[73] 张江林, 庄慧敏, 刘俊勇, 等. 分布式储能系统参与调压的主动配电网两段式电压协调控制策略[J]. 电力自动化设备, 2019, 39(5): 15-21+29.

[74] 何森, 林舜江, 李广凯. 含光伏的低压配电网分布式储能多目标优化配置与运行[J]. 电工电能新技术, 2019, 38(3): 18-27.

[75] 盛锐, 唐忠, 薛佳诚. 多指标下EV充电站服务能力动态评价方法[J]. 中国电机工程学报, 2021, 41(14): 4891-4904.

[76] 李少博, 王鑫明, 李世辉, 等. 基于优先强化学习的主动配电网有功无功协调控制[J]. 河北电力技术, 2023, 42(1): 8-12+31.

[77] 于学鹏, 陈云, 唐健, 等. 基于浙江省大工业分时电价情景下的用户侧储能经济性分析[J]. 上海节能, 2023(10): 1467-1472.

[78] 王小虎. 配电网分布式光伏接入台区及容量的测算方法[J]. 农村电气化, 2023(6): 55-59.

[79] 毛志宇, 李培强, 郭思源. 基于自适应时间尺度小波包和模糊控制的复合储能控制策略[J]. 电力系统自动化, 2023, 47(9): 158-165.

[80] 崔宇. 无变压器移相调压加无功补偿的硅碳棒加热炉[J]. 工业炉, 2023, 45(4): 39-43+65.

[81] 虞宋楠. 含光伏产消者的配电网分布式调压方法[D]. 华北电力大学(北京), 2022.

[82] 毛志宇, 李培强, 郭思源. 基于自适应时间尺度小波包和模糊控制的复合储能控制策略[J]. 电力系统自动化, 2023, 47(9): 158-165.

[83] 蔡振华, 黎灿兵, 阳同光, 等. 考虑动态频率惯量特性的储能电池参与电网一次调频控制[J]. 上海交通大学学报, 2023: 1-21.

[84] Zhou Y, Zhou N, Gong L, et al. Prediction of photovoltaic power output based on similar day analysis, genetic algorithm and extreme learning machine[J]. Energy, 2020, 204:117894.

[85] CHEN Bo, LI Jinghua. Combined probabilistic forecasting method for photovoltaic power using an improved Markov chain[J]. IET Generation, Transmission & Distribution, 2019, 13(19): 4364-4373.

[86] FENG Yu, HAO Weiping, LI Haoru, et al. Machine learning models to quantify and map daily global solar radiation and photovoltaic power[J].Renewable and Sustainable Energy Reviews,2020,118:109393.

[87] Zhang H, Zhu T. Stacking Model for Photovoltaic-Power-Generation Prediction[J]. Sustainability (Switzerland) ,2022,14(9):1-16.

[88] Tian F, Huang L, Zhou C. Photovoltaic power generation and charging load prediction research of integrated photovoltaic storage and charging station[J]. Sustainability (Switzerland), 2023,9: 861-871.

[89] Papavasiliou, Anthony, Oren, et al. Large-Scale Integration of Deferrable Demand and Renewable Energy Sources.[J]. IEEE Transactions on Power Systems, 2014.

[90] ALAM M J E , MUTTAQI KM , SUTANTOD. Mitigation of Rooftop Solar PV Impacts and Evening Peak Support by Managing Available Capacity of Distributed Energy Storage Systems[J]. IEEE Transactions on Power Systems, 2013, 28(4): 3874-3884.

[91] CHAVALI P, YANG P, NEHORAI A. A distributed algorithm of appliance scheduling for home energy management system[J]. IEEE Transactions on Smart Grid, 2014, 5(1): 282-290.

[92] Jeseok Ryu, Jinho Kim. Virtual Power Plant Operation Strategy under Uncertainty with Demand Response Resources in Electricity Markets[J]. 2022,10: 62763-62771.

[93] Yu Bo-Wen, Pu Ling-Jun, Xie Yu-Ting, Xu Jing-Dong, Zhang Jian-Zhong. Joint task off loading and base station association in mobile edge computing. Journal of Computer Research and Development, 2018, 55(3): 537−550.

[94] 赖昌伟, 黎静华, 陈博, 等.光伏发电出力预测技术研究综述[J].电工技术学报,2019,34(06):1201-1217.

[95] 管霖, 赵琦, 周保荣, 等.基于多尺度聚类分析的光伏功率特性建模及预测应用[J].电力系统自动化,2018,42(15):24-30.

[96] 赵书强, 张婷婷, 李志伟, 等.基于数值特性聚类的日前光伏出力预测误差分布模型[J].电力系统自动化,2019,43(13):36-45.

[97] 黎敏, 林湘宁, 张哲原, 等.超短期光伏出力区间预测算法及其应用[J].电力系统自动化,2019,43(3):10-16.

[98] 郑伟民, 叶承晋, 张曼颖, 等.基于Softmax概率分类器的数据驱动空间负荷预测[J].电力系统自动化,2019,43(9):117-127.

[99] 李豪, 马刚, 李天宇, 等. 基于时空相关性的短期光伏出力预测混合模型[J/OL]. 电力系统及其自动化学报:1-12[2023-07-12].

[100] 薛阳, 燕宇铖, 贾巍, 等. 基于改进灰狼算法优化长短期记忆网络的光伏功率预测[J]. 太阳能学报, 2023, 44(7): 207-213.

[101] 王振浩, 王翀, 成龙, 等. 基于集合经验模态分解和深度学习的光伏功率组合预测[J/OL].高电压技术:1-10[2022-03-09].

[102] 杨晶显, 张帅, 刘继春, 等.基于VMD和双重注意力机制LSTM的短期光伏功率预测[J]. 电力系统自动化, 2021, 45(03):174-182.

[103] 张倩, 马愿, 李国丽, 等. 频域分解和深度学习算法在短期负荷及光伏功率预测中的应用[J]. 中国电机工程学报, 2019, 39(08): 2221-2230+5.

[104] 陆继翔, 张琪培, 杨志宏, 等. 基于CNN-LSTM混合神经网络模型的短期负荷预测方法[J]. 电力系统自动化, 2019, 43(8):131-137.

[105] 宋军英, 崔益伟, 李欣然, 钟伟, 邹鑫, 李培强. 基于欧氏动态时间弯曲距离与熵权法的负荷曲线聚类方法[J]. 电力系统自动化, 2020, 44(15):87-94.

[106] 宋易阳, 李存斌, 祁之强.基于云模型和模糊聚类的电力荷模式提取方法[J].电网技术, 2014, 38(12):3378-3383.

[107] 唐俊熙, 曹华珍, 高崇, 吴亚雄, 石颖.一种基于时间序列数据挖掘的用户负荷曲线分析方法[J]. 电力系统保护与控制, 2021, 49(05):140-148.

[108] 李阳, 刘友波, 刘俊勇, 程明畅, 马铁丰, 魏文涛, 尹龙, 宁世超. 基于形态距离的日负荷数据自适应稳健聚类算法[J].中国电机工程学报, 2019, 39 (12): 3409-3420.

[109] 王帅, 杜欣慧, 姚宏民, 王凤萍.面向含多种用户类型的负荷曲线聚类研究[J]. 电网技术, 2018, 42(10): 3402-3412.

[110] 刘思, 李林芝, 吴浩, 孙维真, 傅旭华, 叶承晋, 黄民翔. 基于特性指标降维的日负荷曲线聚类分析[J]. 电网技术, 2016, 40(03): 797-803.

[111] 董雷, 刘梦夏, 陈乃仕, 等.基于随机模型预测控制的分布式能源协调优化控制[J].电网技术, 2018, 42(10):3219-3227.

[112] 陈秀春.含光伏发电的主动配电网功率调度随机优化方法研究[D]. 燕山大学, 2017.

[113] 李康平, 张展耀, 王飞, 等.基于GAN场景模拟与条件风险价值的独立型微网容量随机优化配置模型[J]. 电网技术, 2019, 43(05):1717-1725.

[114] 王灿, 张雪菲, 凌凯, 等. 基于区间概率不确定集的微电网两阶段自适应鲁棒优化调度[J/OL]. 中国电机工程学报: 1-15[2023-03-09].

[115] 符杨, 张智泉, 李振坤, 等.基于二阶段鲁棒博弈模型的微电网群及混合交直流配电系统协调能量管理策略研究[J].中国电机工程学报, 2020, 40(04):1226-1240+1413.